陕西省通用安装工程消耗量定额

（2025）

第七册　通风空调安装工程

批准部门：陕西省住房和城乡建设厅
主编单位：陕西省建设工程造价服务中心
参编单位：陕西建工安装集团有限公司
软件支持：广联达西安科技有限公司
实施日期：2025年7月1日

中国计划出版社

北　京

本书编委会

总　　编： 李卫军

副 总 编： 张　丹　陈永兵　崔建明　原　波　杜产阳

本册编写人员名单

主　　编： 赵启哲　贺渤伦

副 主 编： 赵玉兰　曹　方　庄智斌

编写人员： 许泽梅　商　艳　武　波　周　红　顾维涛　袁宁洁
杨东博　李　晨　雷　涛

软件操作： 郭继庆　路燚桓

总 说 明

一、《陕西省通用安装工程消耗量定额（2025）》共分十二册，包括：

第一册　机械设备安装工程

第二册　热力设备安装工程

第三册　静置设备与工艺金属结构制作安装工程

第四册　电气设备与线缆安装工程

第五册　建筑智能化安装工程

第六册　自动化控制仪表安装工程

第七册　通风空调安装工程

第八册　工业管道安装工程

第九册　消防安装工程

第十册　给排水、采暖、燃气安装工程

第十一册　信息通信设备与线缆安装工程

第十二册　防腐蚀、绝热工程

二、《陕西省通用安装工程消耗量定额（2025）》（以下简称"本定额"）是完成规定计量单位分部分项工程所需的人工、材料、施工机械台班、仪器仪表台班的消耗量标准。

三、本定额适用于工业与民用新建、扩建和改建工程项目中的通用安装工程。

四、本定额是在2021年《陕西省安装工程消耗量定额》基础上，以国家和有关行业发布的现行设计规程或规范、施工及验收规范、技术操作规程、质量评定标准、产品标准和安全操作规程、绿色建造规定等，并结合我省实际进行编制。

五、本定额是按照正常施工组织和施工条件，国内大多数施工企业采用的施工方法、机械装备水平、合理的劳动组织及工期进行编制。

1. 设备、材料、成品、半成品、构配件完整无损，符合质量标准和设计要求，附有合格证书和检验、试验合格记录。

2. 安装工程和土建工程之间的交叉作业合理、正常。

3. 安装地点、建筑物实体、设备基础、预留孔洞、预埋件等均符合安装设计要求。

4. 正常的气候、地理条件和施工环境。

5. 水、电供应均满足安装工程正常使用。

六、本定额未包括的项目，可按其他专业相应消耗量定额执行。

七、关于人工：

1. 人工以综合工日表示。

2. 人工消耗量包括基本用工、辅助用工和人工幅度差。

3. 人工每工日按照8小时工作制计算。

八、关于材料：

1. 材料泛指原材料、成品、半成品。包括施工中主要材料、辅助材料、周转材料和其他材料。在项目中以"（×××）"表示的材料为主要材料。

2. 材料用量：

（1）材料用量包括净用量和损耗量。

（2）材料损耗量包括从工地仓库运至安装堆放地点或现场加工地点运至安装地点的搬运损耗、安装操作损耗、安装地点堆放损耗。

（3）材料损耗量不包括场外的运输损失、仓库（含露天堆场）地点或现场加工地点保管损耗、由于材料规格和质量不符合要求而报废的数量；不包括规范、设计文件规定的预留量、搭接量、冗余量。

3. 项目中列出的周转性材料用量是按照不同施工方法、考虑不同工程项目类别、选取不同材料规格综合计算出的摊销量。

4. 对于用量少、低值易耗的零星材料，列为其他材料。按照消耗性材料费用比例计算。

九、关于机械：

1. 施工机械是按照常用机械、合理配备考虑，同时结合施工企业的机械化能力与水平等情况综合确定。

2. 施工机械台班消耗量是按照机械正常施工效率并考虑机械施工适当幅度差综合取定。

3. 原单位价值在2000元以内、使用年限在一年以内不构成固定资产的施工机械，不列入机械台班消耗量，其消耗的燃料动力等综合在其他材料费中。

4. 机械台班按每台班8小时工作制计算。

十、关于仪器仪表：

1. 仪器仪表是按照正常施工组织、施工技术水平考虑，同时结合市场实际情况综合确定。

2. 仪器仪表台班消耗量是按照仪器仪表正常使用率，并考虑必要的检验检测及适当幅度差综合取定。

3. 原单位价值在2000元以内、使用年限在一年以内不构成固定资产的仪器仪表，不列入仪器仪表台班消耗量，其消耗的燃料动力等综合在其他材料费中。

十一、关于水平运输和垂直运输：

1. 水平运输：

（1）水平运输距离是指由施工单位现场仓库或指定堆放地点运至安装地点或垂直运输点的距离。设备水平运距按照200m、材料（含成品、半成品）水平运距按照300m综合取定，执行时不做调整。

（2）项目中未考虑场外运输和场内二次搬运。工程实际发生时应根据有关规定另行计算。

2. 垂直运输：

（1）垂直运输基准面为室外地坪。

（2）垂直运输是按照建筑物层数6层以下、建筑高度20m以下、地下深度10m以内考虑，工程实际超过时，应计算建筑物超高（深）增加费。

十二、关于安装操作高度：

1. 安装操作基准面一般是指室外地坪或室内各层楼地面地坪。

2. 安装操作高度是指安装操作基准面至安装点的垂直高度。除各册另有规定者外，安装操作高度综合取定为6m以内。工程实际超过时，应计算安装操作高度增加费。

十三、关于建筑超高（深）增加费：

1. 建筑超高（深）增加费是指在建筑物层数6层以上、建筑高度20m以上、地下深度10m以上的建筑施工时，应计算建筑超高（深）需要增加的安装费。各册另有规定者除外。

2. 建筑超高（深）增加费包括人工降效、使用机械（含仪器仪表、工具用具）降效、延长垂直运输时间等费用。

3. 建筑超高（深）增加费，以单位工程（群体建筑以车间或单栋楼设计为准）全部工程量（含地下、地上部分）为基数，按照系数法计算。系数详见各册说明。

4. 单位工程（群体建筑以车间或单栋楼设计为准）满足建筑高度、建筑物层数、地下深度之一者，均应计算建筑超高（深）增加费。

十四、关于脚手架搭拆：

1. 脚手架搭拆是根据施工组织设计、满足安装需要所采取的安装措施。脚手架搭拆除满足自身安全外，不包括工程项目安全、环保、文明等工作内容。

2. 脚手架搭拆综合考虑了不同的结构形式、材质、规模、占用时间等要素，执行时不做调整。

3. 在同一个单位工程内有若干专业安装时，凡符合脚手架搭拆计算规定者，应分别计算脚手架搭拆费用。

十五、本定额中没有考虑施工与生产同时进行、在有害身体健康（防腐工程、检测项目除外）条件下施工时的降效，工程实际发生时按各册相关规定另行计算。

十六、本定额适用于海拔 2000m 以下地区。

十七、本定额中注有“××以内”或“××以下”者，均包括××本身；注有“××以外”或“××以上”者，则不包括××本身。

十八、凡本说明未尽事宜，详见各册说明。

十九、本定额的解释和日常管理，由陕西省建设工程造价服务中心负责。

目　录

第三章　通风空调部件制作、安装

第四章　人防设备及部件制作、安装

附　　录

册 说 明

一、第七册《通风空调安装工程》适用于通风空调设备、通风管道及部件的制作与安装工程。包括：通风空调设备安装，通风管道制作、安装，通风空调部件制作、安装，人防设备及部件制作、安装。

二、本册定额主要依据的规范标准有：

1.《民用建筑供暖通风与空气调节设计规范》GB 50736—2012；

2.《工业建筑供暖通风与空气调节设计规范》GB 50019—2015；

3.《通风与空调工程施工质量验收规范》GB 50243—2016；

4.《通风与空调工程施工规范》GB 50738—2011；

5.《通风管道技术规程》JGJ/T 141—2017；

6.《风机盘管安装》01K403—2003；

7.《风阀选用与安装》07K120—2007；

8.《金属、非金属风管支吊架》19K112—2019。

三、本册定额除各章另有说明外，均包括下列工作内容：施工准备，设备、材料及工机具场内运输，设备开箱检验、配合基础验收、安放地脚螺栓，吊装设备就位、安装、连接，设备对中、找正、固定，配合基础灌浆，与设备本体配套支架、防护罩等附件安装，机组风、水管清扫，临时移动水源与电源，配合检查验收等。

四、本册定额不包括下列内容，发生时应另行计算：

1. 设备基础铲磨，地脚螺栓孔调整、预压，在需要保护的楼地面上安装设备所需设施。

2. 地脚螺栓孔二次灌浆；开槽、钻孔。

3. 设备及其配套附件修理、绝热、防腐蚀。

4. 电气系统、仪表系统、设备本体第一个法兰以外的冷凝水管道系统等安装、调试；不属于设备本体配套的附件（如平台、梯子、栏杆、支架、消声器等）安装。

五、相关说明：

1. 工业生产系统中的通风设备安装，应执行第一册《机械设备安装工程》相应项目，除尘设备安装，应执行第二册《热力设备安装工程》相应项目。

2. 空调系统中管道（设备本体管道除外）安装，应执行第十册《给排水、采暖、燃气安装工程》相应项目。

风管及支架防腐蚀、绝热工程，应执行第十二册《防腐蚀、绝热工程》相应项目。

（1）薄钢板风管刷油按其工程量执行相应项目，仅外或内面刷油者按相应项目乘以系数 1.20，内外均刷油者按相应项目乘以系数 1.10，其法兰加固框、吊托支架已包括在此系数内。

（2）薄钢板部件刷油按其工程量执行金属结构刷油相应项目乘以系数 1.15。

（3）未包括在风管工程量内而单独列项的各种支架（不锈钢吊托支架除外）按其工程量执行相应项目。

（4）薄钢板风管、部件以及单独列项的支架，其除锈应区分不同的锈蚀程度，分别执行相应项目。

（5）风道及部件在加工厂预制的，其场外运费应另行计算。

3. 安装在支架上的木衬垫或非金属垫料，不单独计算安装人工费，应按设计要求另行计算木衬垫或非金属垫料的成品材料费。

六、下列费用可按系数分别计取：

1. 通风空调系统调试费，应按安装工程人工费的 7%计算。其中：人工费为 40%，材料费为 10%，机械费为 50%。

2. 脚手架搭拆费，应按安装工程人工费的 8%计算。其中：人工费为 40%，材料费为 50%，机械费为 10%。

3. 安装高度超过安装操作基准面 6m 时，安装操作高度增加费，应按照相应安装项目人工费乘以下表规定系数计算。

系数表

安装高度距离安装操作基准面（m）	≤10	≤30	≤50	>50
系　　数	0.10	0.30	0.50	0.75

4. 建筑超高、超深增加费，应按照下表规定系数计算。其中：人工费为 36.50%，机械与仪器仪表为 63.50%。

建筑超高、超深增加费表

建筑物高度（m 以内）	40	60	80	100	120	140	160	180	200
建筑物层数（层以内）	12	18	24	30	36	42	48	54	60
地下深度（m 以内）	20	30	40	—	—	—	—	—	—
按照人工费计算（%）	3	6	10	16	22	28	34	40	46

注：建筑物层数大于 60 层时，以 60 层为基础，按每增加一层增加 1%计算。

5. 安装与生产同时进行增加的费用，应按安装工程人工费的 6%计算。

6. 在有害身体健康的环境中施工降效增加的费用，应按安装工程人工费的 6%计算。

7. 拆除费用（现场变更等因素需要拆除的项目），应按相应安装项目人工费、机械费的 40%，材料费的 5%计算。

七、本册定额凡是在项目中未按制作和安装分别列项的，其制作费与安装费的比例可按下表划分。

制作与安装费比例划分表

序号	项目名称	人工（%）		材料（%）		机械（%）	
		制作	安装	制作	安装	制作	安装
1	空调部件及设备支架制作、安装	86	14	90	10	95	5
2	镀锌薄钢板法兰通风管道制作、安装	60	40	80	20	95	5
3	镀锌薄钢板共板法兰通风管道制作、安装	50	50	80	20	95	5
4	薄钢板法兰通风管道制作、安装	60	40	80	20	95	5
5	净化通风管道及部件制作、安装	50	50	80	20	95	5
6	不锈钢板通风管道及部件制作、安装	72	28	90	10	95	5
7	铝板通风管道及部件制作、安装	68	32	80	20	95	5
8	塑料通风管道及部件制作、安装	85	15	90	10	95	5
9	复合型风管制作、安装	60	40	60	40	95	5
10	风帽制作、安装	75	25	80	20	95	5
11	罩类制作、安装	78	22	90	10	95	5

第一章

通风空调设备安装

说　明

一、本章内容包括空气加热器（冷却器）安装，除尘设备安装，空调器安装，多联体空调机室外机安装，风机盘管安装，空气幕安装，VAV 变风量末端装置、分段组装式空调器安装，组合式油烟净化机安装，精密空调机组安装，新风净化机安装，新风换气机安装，热回收机组安装，恒温恒湿机安装，净化工作台、风淋室安装，通风机安装，减振器安装。

二、通风机安装项目内包括电动机安装，其安装形式包括 A、B、C、D 等型，适用于碳钢、不锈钢、塑料通风机安装。

三、相关说明：

1. 诱导器安装，执行风机盘管安装项目。

2. 多联体空调系统的室内机按安装方式，执行风机盘管安装项目。

3. 净化单元 FFU 安装执行吊顶式空调器安装项目，其人工、机械乘以系数 1.15。

4. 空气幕的支架制作、安装，应执行本册第三章设备支架制作、安装项目。

5. VAV 变风量末端装置适用单风道变风量末端和双风道变风量末端装置，风机动力型变风量末端装置人工乘以系数 1.10。

6. 洁净室安装，执行分段组装式空调器安装项目。

7. 净化工作台包括：XHK 型、BZK 型、SXP 型、SZP 型、SZX 型、SW 型、SZ 型、SXZ 型、TJ 型、CJ 型等系列。

8. 清洗槽、浸油槽、晾干架、LWP 滤尘器支架制作、安装，应执行本册第三章设备支架制作、安装项目。

9. 通风空调设备的电气检查接线，应执行第四册《电气设备与线缆安装工程》相应项目。

10. 设备基础的一次灌浆已包括在设备安装项目中，不再另计，设备基础的二次灌浆应执行第一册《机械设备安装工程》相应项目。

11. 分体式空调安装项目中已包括冷媒管安装的人工费，冷媒管按设备本体配带考虑，如未配带，其材料费应按实际需用量另行计算。

12. 通风、空调设备落地安装中已包括地脚螺栓安装的人工费，地脚螺栓按设备配带考虑，如未配带，其材料费应按实际需用量另行计算。

13. 通风、空调设备（吊顶式、卡式嵌入式风机盘管除外）安装项目中均未包括支架及减震台座的制作、安装，应另行计算，执行本册第三章设备支架制作、安装相应项目。

14. 设计要求弹簧减振器采用膨胀螺栓固定时，膨胀螺栓材料应另计，其他不得调整。

四、设备底座的安装标高，如超过地面正或负 10m 时，应按相应安装项目人工和机械费乘以下表规定系数计算。

系数表

设备底座正或负标高（m 以内）	15	20	30	40	50	60	70	80	90	90 以上
系　　数	0.10	0.15	0.20	0.30	0.40	0.50	0.60	0.70	0.80	0.90

工程量计算规则

一、空气加热器（冷却器）安装，按设计图示数量，以“台”为计量单位。

二、除尘设备安装，按设计图示数量，以“台”为计量单位。

三、整体式空调机组、空调器安装（一拖一分体空调以室内机、室外机之和）按设计图示数量，分别以“台”为计量单位。

四、组合式空调机组安装依据设计风量，按设计图示数量，分别以“台”为计量单位。

五、多联体空调机室外机安装依据制冷量，按设计图示数量，分别以“台”为计量单位。

六、风机盘管安装应区分安装方式，按设计图示数量，分别以“台”为计量单位。

七、空气幕安装，按设计图示数量，以“台”为计量单位。

八、VAV 变风量末端装置安装，按设计图示数量，以“台”为计量单位。

九、分段组装式空调器安装，按设计图示重量，以“100kg”为计量单位。

十、组合式油烟净化机安装，按设计图示数量，以“台”为计量单位。

十一、净化工作台、风淋室安装，按设计图示数量，分别以“台”为计量单位。

十二、通风机安装依据不同形式、规格，按设计图示数量，分别以“台”为计量单位。

十三、风机箱安装依据不同的安装方式、机型以及风量，按设计图示数量，分别以“台”为计量单位。

十四、精密空调机组安装依据制冷量，按设计图示数量，分别以“台”为计量单位。

十五、新风净化机、新风换气机安装依据不同形式以及送风量，按设计图示数量，分别以“台”为计量单位。

十六、热回收机组安装依据送风量，按设计图示数量，分别以“台”为计量单位。

十七、恒温恒湿机安装依据冷量，按设计图示数量，分别以“台”为计量单位。

十八、诱导风机安装，按设计图示数量，以“台”为计量单位。

十九、射流风机、可逆转风机安装依据不同规格，按设计图示数量，分别以“台”为计量单位。

二十、减振器安装依据不同形式，按设计图示数量，分别以“个”为计量单位。

一、空气加热器（冷却器）安装

工作内容：开箱检查设备、附件、底座螺栓、吊装、找平、找正、加垫、螺栓固定、支架制作、安装等。

计量单位：台

编号				7-1-1	7-1-2	7-1-3
项目				质量（kg）		
				≤100	≤200	≤400
名称			单位	消耗量		
人工	000203000	综合二类工	工日	0.777	1.263	1.422
材料	501305001	空气加热器（冷却器）	台	（1.000）	（1.000）	（1.000）
	012901006	热轧薄钢板 δ1.0～1.5	kg	0.270	0.480	0.600
	012101008	角钢 60	kg	5.240	6.950	9.610
	011301001	扁钢 59 以内	kg	0.870	0.960	1.130
	030105136	精制六角带帽螺栓 M8×75	套	37.000	42.000	62.000
	031101012	尼龙砂轮片 ϕ400	片	0.015	0.019	0.026
	020112007	无石棉橡胶板 高压 δ1～6	kg	0.380	0.530	1.210
	031301009	低碳钢焊条 J427（综合）	kg	0.100	0.124	0.200
	850103006	其他材料费（占材料费）	%	1.000	1.000	1.000
机械	990901010	交流弧焊机 21kV·A	台班	0.020	0.025	0.040
	990726010	台式钻床 16mm	台班	0.080	0.100	0.150
	990401020	载重汽车 5t	台班	—	0.009	0.009
	990515010	吊装机械（综合）	台班	—	0.032	0.032

二、除尘设备安装

工作内容：开箱检查设备、附件、底座螺栓、吊装、找平、找正、加垫、灌浆、螺栓固定等。**计量单位：**台

编　号				7-1-4	7-1-5	7-1-6	7-1-7
项　目				质量（kg）			
				≤ 200	≤ 500	≤ 1000	≤ 3000
名　称			单位	消　耗　量			
人工	000203000	综合二类工	工日	2.226	4.700	12.276	25.933
材料	533700001	除尘设备	台	（1.000）	（1.000）	（1.000）	（1.000）
	802101019	预拌细石混凝土 C20	m^3	0.010	0.010	0.010	0.010
	031301009	低碳钢焊条 J427（综合）	kg	0.124	0.310	0.500	0.500
	850103006	其他材料费（占材料费）	%	1.000	1.000	1.000	1.000
机械	990901010	交流弧焊机 21kV·A	台班	0.025	0.062	0.100	0.100
	990401020	载重汽车 5t	台班	0.006	0.009	0.013	0.029
	990515010	吊装机械（综合）	台班	0.021	0.031	0.045	0.199

三、空调器安装

1. 吊顶式空调器

工作内容：开箱检查设备、附件、底座螺栓，吊装、找平、找正、加垫、螺栓固定等。 **计量单位：**台

编　号				7-1-8	7-1-9	7-1-10
项　目				风量（m^3/h）		
				≤ 3000	≤ 6000	≤ 15000
名　称			单位	消　耗　量		
人工	000203000	综合二类工	工日	0.622	0.672	0.730
材料	500300001	空调器	台	（1.000）	（1.000）	（1.000）
	022701003	棉纱头	kg	0.500	0.500	0.500
	850103006	其他材料费（占材料费）	%	1.000	1.000	1.000
机械	990401020	载重汽车 5t	台班	0.009	0.009	0.009
	990515010	吊装机械（综合）	台班	0.032	0.032	0.032

2. 落地式空调器

工作内容：开箱检查设备、附件、底座螺栓，吊装、找平、找正、加垫、螺栓固定等。 **计量单位：**台

编 号				7-1-11	7-1-12	7-1-13
项 目				风量（m^3/h）		
				≤ 35000	≤ 50000	> 50000
名 称			单位	消 耗 量		
人工	000203000	综合二类工	工日	5.273	6.700	8.569
材料	500300001	空调器	台	（1.000）	（1.000）	（1.000）
	022701003	棉纱头	kg	0.500	0.500	0.500
	850103006	其他材料费（占材料费）	%	1.000	1.000	1.000
机械	990401020	载重汽车 5t	台班	0.013	0.016	0.019
	990515010	吊装机械（综合）	台班	0.048	0.073	0.084

3. 墙上式空调器

工作内容：开箱检查设备、附件、安装膨胀螺栓、吊装、找平、找正、加垫、螺栓固定等。 **计量单位：**台

编 号				7-1-14	7-1-15	7-1-16
项 目				质量（t）		
				≤ 0.1	≤ 0.15	≤ 0.2
名 称			单位	消 耗 量		
人工	000203000	综合二类工	工日	0.659	0.689	0.735
材料	500300001	空调器	台	（1.000）	（1.000）	（1.000）
	022701003	棉纱头	kg	0.500	0.500	0.500
	850103006	其他材料费（占材料费）	%	1.000	1.000	1.000
机械	990401020	载重汽车 5t	台班	—	0.009	0.009
	990515010	吊装机械（综合）	台班	—	0.032	0.032

4. 组合式空调机组

工作内容：开箱、检查设备及附件、就位、连接、找正、找平、螺栓固定等。 **计量单位：**台

编号				7-1-17	7-1-18	7-1-19	7-1-20
项目				风量（m³/h）			
				≤4000	≤10000	≤20000	≤30000
名称			单位	消耗量			
人工	000203000	综合二类工	工日	4.818	9.567	18.040	22.276
材料	500104001	组合式空调机组	台	（1.000）	（1.000）	（1.000）	（1.000）
	022701001	棉纱	kg	0.210	0.410	0.730	1.190
	140307001	煤油	kg	0.420	0.810	1.460	2.390
	850103006	其他材料费（占材料费）	%	1.000	1.000	1.000	1.000
机械	990401020	载重汽车 5t	台班	0.146	0.146	0.292	0.292
	990515010	吊装机械（综合）	台班	0.131	0.164	0.345	0.418

工作内容：开箱、检查设备及附件、就位、连接、找正、找平、螺栓固定等。 **计量单位：**台

编号				7-1-21	7-1-22	7-1-23	7-1-24
项目				风量（m³/h）			
				≤40000	≤60000	≤80000	≤100000
名称			单位	消耗量			
人工	000203000	综合二类工	工日	27.605	41.407	55.211	69.011
材料	500104001	组合式空调机组	台	（1.000）	（1.000）	（1.000）	（1.000）
	022701001	棉纱	kg	1.600	2.420	4.210	5.160
	140307001	煤油	kg	3.200	4.830	8.420	10.330
	850103006	其他材料费（占材料费）	%	1.000	1.000	1.000	1.000
机械	990401020	载重汽车 5t	台班	0.292	0.375	0.375	0.375
	990515010	吊装机械（综合）	台班	0.506	0.687	0.719	0.785

四、多联体空调机室外机安装

工作内容：开箱、检查、就位、找正、找平、螺栓固定、试运转等。 **计量单位：**台

编号				7-1-25	7-1-26	7-1-27	7-1-28	7-1-29
项目				制冷量（kW）				
				≤30	≤50	≤90	≤140	≤200
		名称	单位	消耗量				
人工	000203000	综合二类工	工日	2.340	3.509	6.751	12.847	15.684
材料	500104002	多联体空调机室外机	台	（1.000）	（1.000）	（1.000）	（1.000）	（1.000）
	030105155	镀锌六角螺栓带螺母 M16×85～100	套	10.200	12.240	18.360	24.480	30.600
	030113014	镀锌弹簧垫圈 M16	个	10.400	12.480	18.720	24.960	31.200
	030113018	镀锌垫圈 M16	个	20.800	24.960	37.440	49.920	62.400
	022701001	棉纱	kg	0.500	0.500	0.500	0.750	1.000
	140307001	煤油	kg	0.125	0.125	0.169	0.253	0.337
	850103006	其他材料费（占材料费）	%	1.000	1.000	1.000	1.000	1.000
机械	990401020	载重汽车 5t	台班	0.009	0.009	0.009	0.013	0.016
	990515010	吊装机械（综合）	台班	0.032	0.032	0.032	0.063	0.073

五、风机盘管安装

工作内容：开箱检查设备、附件、试压、底座螺栓、打膨胀螺栓、制作安装吊架、胀塞、上螺栓、吊装、找平、找正、加垫、螺栓固定等。 **计量单位：**台

编号				7-1-30	7-1-31	7-1-32	7-1-33
项目				落地式	吊顶式	壁挂式	卡式嵌入式
		名称	单位	消耗量			
人工	000203000	综合二类工	工日	0.619	1.670	0.903	1.840
材料	504300001	风机盘管	台	（1.000）	（1.000）	（1.000）	（1.000）
	012101001	角钢 50×5 以内	kg	—	16.918	—	16.918
	012101003	角钢 63 以内	kg	—	0.592	—	—
	010901008	圆钢 ϕ10～14	kg	—	2.550	—	2.805
	030105149	镀锌六角螺栓 M10	10 套	—	1.272	—	1.272
	030109002	镀锌六角螺母 M10	10 个	—	1.272	—	1.272

续前

编号				7-1-30	7-1-31	7-1-32	7-1-33
项目				落地式	吊顶式	壁挂式	卡式嵌入式
名称			单位	消耗量			
材料	030113013	镀锌弹簧垫圈 M10	个	—	4.240	—	4.240
	030113017	镀锌垫圈 M10	个	—	8.480	—	8.480
	151311001	聚酯乙烯泡沫塑料	kg	0.100	0.100	0.100	0.100
	020901004	聚氯乙烯薄膜	kg	0.010	0.010	0.010	0.010
	031101014	尼龙砂轮片 $\phi500\times25\times4$	片	—	0.008	—	—
	021913001	塑料胀塞	个	—	—	4.160	—
	022701001	棉纱	kg	0.050	0.050	—	0.050
	140307001	煤油	kg	2.800	2.800	2.800	2.800
	850103006	其他材料费（占材料费）	%	1.000	1.000	1.000	1.000
机械	990401030	载重汽车 8t	台班	0.010	0.010	0.010	0.010
	990515010	吊装机械（综合）	台班	0.013	0.013	0.013	0.013
	990726010	台式钻床 16mm	台班	—	0.010	—	—

六、空气幕安装

工作内容：开箱检查设备、吊装、找平、找正、螺栓固定等。 **计量单位：**台

编号				7-1-34	7-1-35	7-1-36
项目				长度（mm）		
				≤900	≤1200	≤1500
名称			单位	消耗量		
人工	000203000	综合二类工	工日	1.856	2.009	2.080
材料	501100001	空气幕	台	（1.000）	（1.000）	（1.000）
	012901005	热轧薄钢板 δ0.7～0.9	kg	0.306	0.340	0.374
	031507018	镀锌铁丝 $\phi2.8$～4.0	kg	0.935	1.190	1.445
	140307001	煤油	kg	0.638	0.680	0.723
	022701001	棉纱	kg	1.063	1.063	1.063
	850103006	其他材料费（占材料费）	%	1.000	1.000	1.000
机械	990401020	载重汽车 5t	台班	0.014	0.020	0.022
	990515010	吊装机械（综合）	台班	0.043	0.057	0.063

七、VAV 变风量末端装置、分段组装式空调器安装

工作内容：开箱检查设备、附件、底座螺栓，吊装、找平、找正、加垫、螺栓固定等。 **计量单位：**见表

编 号				7-1-37	7-1-38
项 目				VAV 变风量末端装置	分段组装式空调器
单位				台	100kg
名 称			单位	消 耗 量	
人工	000203000	综合二类工	工日	1.117	1.901
材料	504503001	VAV 变风量末端装置	台	（1.000）	—
	500300001	空调器	台	—	（1.000）
	010900002	圆钢（综合）	kg	1.660	—
	011901004	槽钢 5#～16#	kg	14.840	—
	030113004	垫圈 M2～8	10 个	0.848	—
	030113010	弹簧垫圈 M2～10	10 个	0.848	—
	031101012	尼龙砂轮片 ϕ400	片	0.038	—
	030109029	六角螺母 M8	10 个	0.848	—
	030105060	六角螺栓 M8	套	8.480	—
	020101005	橡胶板 δ5～10	kg	0.290	—
	140307001	煤油	kg	0.100	0.100
	022701001	棉纱	kg	0.050	0.050
	850103006	其他材料费（占材料费）	%	1.000	1.000
机械	990515010	吊装机械（综合）	台班	0.013	0.013
	990401020	载重汽车 5t	台班	0.010	0.013

八、组合式油烟净化机安装

工作内容：开箱检查设备、附件、底座螺栓、吊装、找平、找正、加垫、灌浆、螺栓固定等。**计量单位：**台

编号				7-1-39	7-1-40	7-1-41	7-1-42
项目				风量（m^3/h）			
				≤3000	≤6000	≤20000	≤60000
名称			单位	消耗量			
人工	000203000	综合二类工	工日	1.782	2.670	3.204	3.762
材料	502503001	组合式油烟净化机	台	（1.000）	（1.000）	（1.000）	（1.000）
	802101019	预拌细石混凝土 C20	m^3	0.010	0.010	0.010	0.010
	031301009	低碳钢焊条 J427（综合）	kg	0.050	0.050	0.050	0.050
	850103006	其他材料费（占材料费）	%	1.000	1.000	1.000	1.000
机械	990901010	交流弧焊机 21kV·A	台班	0.010	0.010	0.010	0.010
	990401020	载重汽车 5t	台班	0.013	0.013	0.013	0.013
	990515010	吊装机械（综合）	台班	0.045	0.045	0.045	0.045

九、净化工作台、风淋室安装

工作内容：开箱、检查、就位、找正、找平等。 **计量单位：**台

编号				7-1-43	7-1-44	7-1-45	7-1-46	7-1-47
项目				净化工作台	风淋室 质量（t）			
					≤0.5	≤1.0	≤2.0	≤3.0
名称			单位	消耗量				
人工	000203000	综合二类工	工日	1.570	8.113	11.937	19.149	21.427
材料	502501001	净化工作台	台	（1.000）	—	—	—	—
	502501002	风淋室	台	—	（1.000）	（1.000）	（1.000）	（1.000）
	022703001	白布	m^2	1.000	1.000	1.000	1.500	1.500
	022909001	白绸	m^2	1.000	1.000	1.000	1.500	1.500
	140307001	煤油	kg	1.667	19.143	19.143	31.905	31.905
	850103006	其他材料费（占材料费）	%	1.000	1.000	1.000	1.000	1.000
机械	990401020	载重汽车 5t	台班	0.009	0.009	0.013	0.019	0.029

十、通风机安装

1. 离心式通风机

工作内容：开箱检查设备、附件、底座螺栓、吊装、找平、找正、加垫、灌浆、螺栓固定等。**计量单位：**台

编号				7-1-48	7-1-49	7-1-50	7-1-51	7-1-52	7-1-53
项目				风量（m³/h）					
				≤ 4500	≤ 7000	≤ 19300	≤ 62000	≤ 123000	> 123000
名称			单位	消耗量					
人工	000203000	综合二类工	工日	0.657	2.626	5.730	11.940	20.980	29.460
材料	502901001	离心式通风机	台	（1.000）	（1.000）	（1.000）	（1.000）	（1.000）	（1.000）
	370915003	铸铁垫板	kg	3.900	3.900	5.200	21.600	28.800	28.800
	802101019	预拌细石混凝土 C20	m^3	0.010	0.030	0.030	0.030	0.070	0.100
	140307001	煤油	kg	0.550	0.750	0.750	1.500	2.000	3.000
	140901002	黄干油钙基酯	kg	0.300	0.400	0.400	0.500	0.700	1.000
	022701003	棉纱头	kg	0.050	0.060	0.080	0.120	0.150	0.200
	850103006	其他材料费（占材料费）	%	1.000	1.000	1.000	1.000	1.000	1.000
机械	990515010	吊装机械（综合）	台班	0.022	0.026	0.032	0.032	0.048	0.073
	990401020	载重汽车 5t	台班	—	—	0.009	0.009	0.013	0.019

2. 轴流式、斜流式、混流式通风机

工作内容：开箱检查设备、附件、底座螺栓、吊装、找平、找正、加垫、灌浆、螺栓固定等。**计量单位：**台

编号				7-1-54	7-1-55	7-1-56	7-1-57	7-1-58
项目				风量（m³/h）				
				≤ 8900	≤ 25000	≤ 63000	≤ 140000	> 140000
名称			单位	消耗量				
人工	000203000	综合二类工	工日	1.166	2.605	5.200	11.580	17.798
材料	502903001	轴流式、斜流式、混流式通风机	台	（1.000）	（1.000）	（1.000）	（1.000）	（1.000）
	802101019	预拌细石混凝土 C20	m^3	0.010	0.010	0.030	0.070	0.100
	140901002	黄干油钙基酯	kg	0.300	0.400	0.500	0.700	1.000
	140307001	煤油	kg	0.800	0.850	1.600	2.000	3.000
	022701003	棉纱头	kg	0.060	0.088	0.130	0.150	0.200
	850103006	其他材料费（占材料费）	%	1.000	1.000	1.000	1.000	1.000
机械	990401020	载重汽车 5t	台班	—	0.009	0.009	0.013	0.019
	990515010	吊装机械（综合）	台班	0.022	0.032	0.032	0.048	0.073

3. 屋顶式通风机

工作内容：开箱检查设备、附件、底座螺栓、吊装、找平、找正、加垫、灌浆、螺栓固定等。 **计量单位：**台

编 号				7-1-59	7-1-60	7-1-61
项 目				风量（m^3/h）		
				≤2760	≤9100	>9100
名 称			单位	消 耗 量		
人工	000203000	综合二类工	工日	0.794	0.960	1.545
材料	502900002	屋顶式通风机	台	（1.000）	（1.000）	（1.000）
	370915003	铸铁垫板	kg	3.900	3.900	3.900
	802101019	预拌细石混凝土 C20	m^3	0.010	0.020	0.030
	850103006	其他材料费（占材料费）	%	1.000	1.000	1.000
机械	990515010	吊装机械（综合）	台班	0.017	0.012	0.032
	990401020	载重汽车 5t	台班	—	—	0.009

4. 卫生间通风器

工作内容：开箱检查、找平、找正、安装固定等。 **计量单位：**台

编 号				7-1-62
项 目				卫生间通风器
名 称			单位	消 耗 量
人工	000203000	综合二类工	工日	0.160
材料	502900003	卫生间通风器	台	（1.000）
	020101010	橡胶板 δ5	m^2	0.040
	133503016	密封胶 KS 型	kg	0.023
	850103006	其他材料费（占材料费）	%	1.000

5. 落地式风机箱

工作内容：开箱、检查就位、安装、找正、找平、清理等。　　计量单位：台

编　号				7-1-63	7-1-64	7-1-65	7-1-66
项　目				风量（m³/h）			
				≤ 5000	≤ 10000	≤ 20000	≤ 30000
名　称			单位	消　耗　量			
人工	000203000	综合二类工	工日	2.225	2.522	4.419	6.926
材料	502900001	风机箱	台	（1.000）	（1.000）	（1.000）	（1.000）
	802101001	混凝土 C15	m^3	0.035	0.040	0.050	0.080
	370915003	铸铁垫板	kg	4.290	5.720	23.760	31.600
	140307001	煤油	kg	0.150	0.300	0.520	0.740
	022701003	棉纱头	kg	0.100	0.150	0.300	0.450
	850103006	其他材料费（占材料费）	%	1.000	1.000	1.000	1.000
机械	990401020	载重汽车 5t	台班	—	0.009	0.009	0.013
	990515010	吊装机械（综合）	台班	—	0.028	0.028	0.041

6. 减震台座上风机箱

工作内容：测位、安装、找正、找平、上螺栓、固定等。　　计量单位：台

编　号				7-1-67	7-1-68	7-1-69	7-1-70	7-1-71	7-1-72
项　目				风量（m³/h）					
				≤ 2000	≤ 10000	≤ 15000	≤ 25000	≤ 35000	> 35000
名　称			单位	消　耗　量					
人工	000203000	综合二类工	工日	1.274	3.469	5.233	6.860	9.712	13.014
材料	502900001	风机箱	台	（1.000）	（1.000）	（1.000）	（1.000）	（1.000）	（1.000）
	850103006	其他材料费（占材料费）	%	1.000	1.000	1.000	1.000	1.000	1.000

7. 悬吊式风机箱

工作内容：测位、安装、找正、找平、上螺栓、固定等。　　**计量单位：**台

编号				7-1-73	7-1-74	7-1-75	7-1-76
项目				风量（m³/h）			
				≤5000	≤10000	≤20000	≤30000
名称			单位	消耗量			
人工	000203000	综合二类工	工日	2.955	3.482	6.079	9.336
材料	502900001	风机箱	台	（1.000）	（1.000）	（1.000）	（1.000）
	140307001	煤油	kg	0.150	0.300	0.520	0.740
	022701003	棉纱头	kg	0.100	0.150	0.300	0.450
	850103006	其他材料费（占材料费）	%	1.000	1.000	1.000	1.000
机械	990401020	载重汽车 5t	台班	—	0.009	0.009	0.013
	990515010	吊装机械（综合）	台班	—	0.028	0.028	0.041

十一、补 充 项 目

1. 分体式空调器

工作内容：开箱、检查设备及附件、就位、连接、上螺栓、找平、找正、固定、支架安装、安装、试运转。　　**计量单位：**台

编号				7-1-77	7-1-78	7-1-79	7-1-80
项目				制冷量（kW）			
				≤6	≤12	≤24	≤35
名称			单位	消耗量			
人工	000203000	综合二类工	工日	1.242	1.990	3.587	5.737
材料	500103001	分体式空调机	台	（1.000）	（1.000）	（1.000）	（1.000）
	030105146	精制蝶形带帽螺栓 M12×100	10套	0.920	1.656	2.650	4.505

2. 精密空调机组

工作内容： 场内搬运、开箱、检查、就位、找正、找平、试运转。 **计量单位：** 台

编号				7-1-81	7-1-82	7-1-83	7-1-84
项目				制冷量（kW）			
				≤40	≤60	≤100	≤150
名称			单位	消耗量			
人工	000203000	综合二类工	工日	9.567	12.400	16.610	23.250
材料	500105001	精密空调机组	台	（1.000）	（1.000）	（1.000）	（1.000）
机械	990422010	手动液压叉车	台班	0.080	0.150	0.180	0.200
	990503010	电动单筒慢速卷扬机 10kN	台班	0.080	0.150	0.180	0.200
	990515010	吊装机械（综合）	台班	0.350	0.350	0.350	0.350
	991299050	其他机具费（占机械费）	%	3.000	3.000	3.000	3.000

3. 新风净化机

工作内容： 1. 柜式：场内搬运、开箱、检查、就位、找正、找平、试运转。
2. 管道式：场内搬运、开箱、检查、打膨胀螺栓、制作安装吊架、吊装、找正、找平、紧固、试运转。
3. 窗式：场内搬运、开箱、检查、垫木块、就位、找正、找平、装密封条、试运转。

计量单位： 台

编号				7-1-85	7-1-86	7-1-87	7-1-88	7-1-89
项目				柜式		管道式		窗式
				送风量（m^3/h）				
				≤3000	≤5000	≤3000	≤5000	
名称			单位	消耗量				
人工	000203000	综合二类工	工日	2.082	3.122	3.129	4.477	0.503
材料	502503003	新风净化机	台	（1.000）	（1.000）	（1.000）	（1.000）	（1.000）
	011901001	槽钢 16#以内	kg	—	—	2.263	3.345	—
	012101003	角钢 63 以内	kg	—	—	7.530	7.530	—
	010901001	圆钢 ϕ10 以内	kg	—	—	1.814	2.546	—
	030107047	镀锌膨胀螺栓 M8	套	—	—	4.160	4.160	—
	030109034	镀锌六角螺母 M8	个	—	—	8.480	8.480	—
	052501003	木垫块 50mm × 50mm × 50mm	块	—	—	—	—	4.000
	021917004	海绵条	m	—	—	—	—	2.069
	850103006	其他材料费（占材料费）	%	—	—	1.000	1.000	1.000
机械	990422010	手动液压叉车	台班	0.050	0.050	0.050	0.050	0.040
	990503010	电动单筒慢速卷扬机 10kN	台班	0.050	0.050	0.050	0.050	0.040
	990515010	吊装机械（综合）	台班	0.080	0.080	0.080	0.080	0.060
	991299050	其他机具费（占机械费）	%	3.000	3.000	3.000	3.000	3.000

4. 新风换气机

（1）吊 装 式

工作内容： 场内搬运、开箱、检查、打膨胀螺栓、制作安装吊杆、安装、找正、找平、固定、试运转。

计量单位： 台

编号				7-1-90	7-1-91	7-1-92	7-1-93	7-1-94
项目				送风量（m³/h）				
				≤ 500	≤ 1000	≤ 2000	≤ 4000	≤ 5000
名称			单位	消耗量				
人工	000203000	综合二类工	工日	1.086	1.737	3.505	5.259	6.626
材料	502503002	新风换气机	台	（1.000）	（1.000）	（1.000）	（1.000）	（1.000）
	225700001	减震器	个	（4.000）	（4.000）	（4.000）	（4.000）	（4.000）
	011901008	槽钢 6.3#	kg	2.758	2.758	—	—	—
	011901001	槽钢 16#以内	kg	—	—	3.345	3.345	4.160
	010901001	圆钢 ϕ10 以内	kg	1.997	3.095	3.095	3.095	—
	010901002	圆钢 ϕ10 以外	kg	—	—	—	—	4.443
	030107047	镀锌膨胀螺栓 M8	套	4.160	4.160	—	—	—
	030107049	镀锌膨胀螺栓 M10	套	—	—	8.320	8.320	—
	030107051	镀锌膨胀螺栓 M12	套	—	—	—	—	8.320
	030109034	镀锌六角螺母 M8	个	12.720	—	—	—	—
	030109032	镀锌六角螺母 M10	个	—	12.720	12.720	12.720	—
	030109033	镀锌六角螺母 M12	个	—	—	—	—	12.720
	850103006	其他材料费（占材料费）	%	1.000	1.000	1.000	1.000	1.000
机械	990422010	手动液压叉车	台班	—	—	0.050	0.100	0.150
	990503010	电动单筒慢速卷扬机 10kN	台班	—	—	0.050	0.100	0.150
	990515010	吊装机械（综合）	台班	—	—	0.080	0.150	0.200
	991299050	其他机具费（占机械费）	%	3.000	3.000	3.000	3.000	3.000

（2）墙 上 式

工作内容： 场内搬运、开箱、检查、安装、找正、找平、固定、试运转。 **计量单位：** 台

编 号				7-1-95	7-1-96
项 目				送风量（m^3/h）	
				≤ 1000	≤ 3000
名 称			单位	消 耗 量	
人工	000203000	综合二类工	工日	0.787	1.022
材料	502503002	新风换气机	台	（1.000）	（1.000）
	020101011	橡胶板 δ6	kg	0.318	0.391
	850103006	其他材料费（占材料费）	%	1.000	1.000
机械	990422010	手动液压叉车	台班	0.040	0.050
	990503010	电动单筒慢速卷扬机 10kN	台班	0.040	0.050
	990515010	吊装机械（综合）	台班	0.080	0.100
	991299050	其他机具费（占机械费）	%	3.000	3.000

（3）落 地 式

工作内容： 场内搬运、开箱、检查、安装、找正、找平、固定、试运转。 **计量单位：** 台

编 号				7-1-97	7-1-98	7-1-99
项 目				送风量（m^3/h）		
				≤ 5000	≤ 10000	≤ 30000
名 称			单位	消 耗 量		
人工	000203000	综合二类工	工日	4.066	6.983	14.635
材料	502503002	新风换气机	台	（1.000）	（1.000）	（1.000）
	020101011	橡胶板 δ6	kg	1.656	1.987	1.987
	030105039	地脚螺栓 M16～22 × 150～300	套	10.200	12.240	12.240
	850103006	其他材料费（占材料费）	%	1.000	1.000	1.000
机械	990422010	手动液压叉车	台班	0.100	0.150	0.200
	990503010	电动单筒慢速卷扬机 10kN	台班	0.100	0.150	0.200
	990515010	吊装机械（综合）	台班	0.200	0.300	0.400
	991299050	其他机具费（占机械费）	%	3.000	3.000	3.000

5. 热回收机组

工作内容：场内搬运、开箱、检查、就位、找正、找平、试运转。 **计量单位：**台

编号				7-1-100	7-1-101	7-1-102	7-1-103
项目				送风量（m³/h）			
				≤4000	≤10000	≤20000	≤30000
名称			单位	消耗量			
人工	000203000	综合二类工	工日	6.365	12.377	20.537	26.668
材料	504507001	热回收机组	台	（1.000）	（1.000）	（1.000）	（1.000）
机械	990401030	载重汽车 8t	台班	0.167	0.250	0.441	0.515
	990503010	电动单筒慢速卷扬机 10kN	台班	0.130	0.179	0.315	0.368
	990304016	汽车式起重机 16t	台班	0.238	0.357	0.630	0.735
	991299050	其他机具费（占机械费）	%	3.000	3.000	3.000	3.000

工作内容：场内搬运、开箱、检查、就位、找正、找平、试运转。 **计量单位：**台

编号				7-1-104	7-1-105	7-1-106	7-1-107
项目				送风量（m³/h）			
				≤40000	≤65000	≤80000	≤100000
名称			单位	消耗量			
人工	000203000	综合二类工	工日	33.044	47.134	59.486	74.355
材料	504507001	热回收机组	台	（1.000）	（1.000）	（1.000）	（1.000）
机械	990401030	载重汽车 8t	台班	0.662	0.784	0.924	1.087
	990503010	电动单筒慢速卷扬机 10kN	台班	0.473	0.560	0.770	0.800
	990304016	汽车式起重机 16t	台班	0.945	1.120	1.310	1.520
	991299050	其他机具费（占机械费）	%	3.000	3.000	3.000	3.000

6. 恒温恒湿机

工作内容：开箱、检查、就位、找正、找平、固定、试运转。 **计量单位**：台

编号				7-1-108	7-1-109	7-1-110	7-1-111	7-1-112
项目				冷量（kW）				
				≤ 25	≤ 50	≤ 100	≤ 150	≤ 250
名称			单位	消耗量				
人工	000203000	综合二类工	工日	3.764	5.648	8.486	11.013	15.027
材料	504505001	恒温恒湿机	台	（1.000）	（1.000）	（1.000）	（1.000）	（1.000）
	022701001	棉纱	kg	0.200	0.200	0.300	0.400	0.500
	092705001	破布	kg	0.100	0.100	0.150	0.200	0.250
	850103006	其他材料费（占材料费）	%	1.000	1.000	1.000	1.000	1.000
机械	990401020	载重汽车 5t	台班	0.009	0.009	0.013	0.013	0.016
	990501020	电动单筒快速卷扬机 10kN	台班	0.013	0.013	0.013	—	—
	990503020	电动单筒慢速卷扬机 30kN	台班	—	—	—	0.060	0.090

7. 落地式风机箱（单风机）

工作内容：开箱、检查就位、安装、找正、找平、清理等。 **计量单位**：台

编号				7-1-113
项目				风量（m^3/h）
				≤ 40000
名称			单位	消耗量
人工	000203000	综合二类工	工日	11.732
材料	502900001	风机箱	台	（1.000）
	802101001	混凝土 C15	m^3	0.120
	370915003	铸铁垫板	kg	33.560
	140307001	煤油	kg	1.117
	022701003	棉纱头	kg	0.575
	850103006	其他材料费（占材料费）	%	1.000
机械	990401020	载重汽车 5t	台班	0.015
	990515010	吊装机械（综合）	台班	0.060

8. 落地式风机箱（双风机）

工作内容：开箱、检查就位、安装、找正、找平、清理等。　　**计量单位：**台

编号				7-1-114	7-1-115	7-1-116	7-1-117	7-1-118
项目				风量（m^3/h）				
				≤30000	≤40000	≤50000	≤60000	≤80000
名称			单位	消耗量				
人工	000203000	综合二类工	工日	8.648	13.286	22.106	25.389	25.554
材料	502900001	风机箱	台	（1.000）	（1.000）	（1.000）	（1.000）	（1.000）
	802101001	混凝土 C15	m^3	0.060	0.800	0.130	0.180	0.200
	370915003	铸铁垫板	kg	24.780	33.600	38.560	44.340	48.370
	140307001	煤油	kg	0.633	0.867	1.200	1.500	1.867
	022701003	棉纱头	kg	0.325	0.475	0.700	0.925	1.150
	850103006	其他材料费（占材料费）	%	1.000	1.000	1.000	1.000	1.000
机械	990401020	载重汽车 5t	台班	0.015	0.015	0.020	0.020	0.025
	990515010	吊装机械（综合）	台班	0.053	0.060	0.068	0.075	0.083

9. 落地式风机箱（三风机）

工作内容：开箱、检查就位、安装、找正、找平、清理等。　　**计量单位：**台

编号				7-1-119	7-1-120	7-1-121	7-1-122
项目				风量（m^3/h）			
				≤60000	≤80000	≤100000	≤120000
名称			单位	消耗量			
人工	000203000	综合二类工	工日	29.197	29.388	35.214	42.318
材料	502900001	风机箱	台	（1.000）	（1.000）	（1.000）	（1.000）
	802101001	混凝土 C15	m^3	0.260	0.300	0.340	0.240
	370915003	铸铁垫板	kg	65.680	72.360	79.590	59.860
	140307001	煤油	kg	1.767	1.967	2.167	2.367
	022701003	棉纱头	kg	1.050	1.200	1.350	1.500
	850103006	其他材料费（占材料费）	%	1.000	1.000	1.000	1.000
机械	990401020	载重汽车 5t	台班	0.020	0.025	0.025	0.030
	990515010	吊装机械（综合）	台班	0.075	0.083	0.090	0.098

10. 悬吊式风机箱（单风机）

工作内容：测位、安装、找正、找平、上螺栓、固定等。　　**计量单位：**台

编　号				7-1-123
项　目				风量（m³/h）
				≤40000
名　称			单位	消　耗　量
人工	000203000	综合二类工	工日	14.952
材料	502900001	风机箱	台	（1.000）
	140307001	煤油	kg	0.888
	022701003	棉纱头	kg	0.450
	850103006	其他材料费（占材料费）	%	1.000
机械	990401020	载重汽车 5t	台班	0.015
	990515010	吊装机械（综合）	台班	0.069

11. 悬吊式风机箱（双风机）

工作内容：测位、安装、找正、找平、上螺栓、固定等。　　**计量单位：**台

编　号				7-1-124	7-1-125	7-1-126	7-1-127	7-1-128
项　目				风量（m³/h）				
				≤30000	≤40000	≤50000	≤60000	≤80000
名　称			单位	消　耗　量				
人工	000203000	综合二类工	工日	9.456	15.323	24.955	28.994	33.992
材料	502900001	风机箱	台	（1.000）	（1.000）	（1.000）	（1.000）	（1.000）
	140307001	煤油	kg	1.066	1.279	1.534	1.841	2.210
	022701003	棉纱头	kg	0.420	0.450	0.480	0.510	0.540
	850103006	其他材料费（占材料费）	%	1.000	1.000	1.000	1.000	1.000
机械	990401020	载重汽车 5t	台班	0.015	0.015	0.020	0.020	0.025
	990515010	吊装机械（综合）	台班	0.053	0.060	0.068	0.075	0.083

12. 诱导风机

工作内容： 场内搬运、开箱、检查、制作安装吊架、打膨胀螺栓、安装、找正、找平、试运转。**计量单位：** 台

编号				7-1-129
项目				吊装
名称			单位	消耗量
人工	000203000	综合二类工	工日	0.866
材料	502909001	诱导风机	台	（1.000）
	011901001	槽钢 16#以内	kg	4.210
	010901001	圆钢 ϕ10 以内	kg	2.550
	030107047	镀锌膨胀螺栓 M8	套	4.160
	030109034	镀锌六角螺母 M8	个	12.720
	850103006	其他材料费（占材料费）	%	1.000
机械	990503010	电动单筒慢速卷扬机 10kN	台班	0.020
	991299050	其他机具费（占机械费）	%	3.000

13. 射流风机

工作内容： 运输、开箱、检查、就位、安装、找正、找平、加垫、设备吊托架制作安装、调试及试运转、检查、验收等。 **计量单位：** 台

编号				7-1-130	7-1-131	7-1-132	7-1-133
项目				型号			
				5#	7#	10#	12#
名称			单位	消耗量			
人工	000203000	综合二类工	工日	2.090	3.670	8.170	12.370
材料	502907001	射流风机	台	（1.000）	（1.000）	（1.000）	（1.000）
	012907008	镀锌薄钢板 δ1～1.5	kg	5.600	5.600	5.600	5.600
	012100002	角钢（综合）	kg	25.100	33.130	44.780	55.980
	010903003	镀锌圆钢 ϕ10 以上	kg	6.820	8.970	15.410	19.270
	030107025	膨胀螺栓 M12×110	套	4.080	4.080	4.080	4.080
	030107026	膨胀螺栓 M16×150	套	8.160	8.160	8.160	8.160
	031519012	冲击钻头 ϕ16	个	0.120	0.120	0.120	0.120
	341103001	电	kW·h	0.120	0.120	0.120	0.120
	850103006	其他材料费（占材料费）	%	1.000	1.000	1.000	1.000
机械	990503030	电动单筒慢速卷扬机 50kN	台班	0.400	0.400	0.400	0.400
	990304016	汽车式起重机 16t	台班	0.080	0.090	0.100	0.150
	990401030	载重汽车 8t	台班	0.050	0.060	0.070	0.100
	991124020	轨道车 210kW	台班	0.100	0.100	0.100	0.150
	990407040	轨道平车 30t	台班	0.100	0.100	0.100	0.150

14. 可逆转风机

工作内容： 运输、开箱、检查、就位、安装、找正、找平、加垫、设备吊托架制作安装、调试及试运转、检查、验收等。　　　　**计量单位：** 台

编号				7-1-134	7-1-135	7-1-136
项目				型号		
				$18^{\#}$	$20^{\#}$	$22^{\#}$
名称			单位	消耗量		
人工	000203000	综合二类工	工日	68.920	93.040	116.310
材料	502905001	可逆转风机	台	（1.000）	（1.000）	（1.000）
	012907008	镀锌薄钢板 δ1～1.5	kg	1.410	2.510	3.930
	011700003	工字钢（综合）	kg	228.630	228.630	228.630
	012100002	角钢（综合）	kg	25.720	34.720	43.410
	030105193	镀锌带帽螺栓 M16×65～100	套	8.160	8.160	8.160
	031301008	低碳钢焊条 J422（综合）	kg	0.540	0.750	0.950
	050401004	板枋材 Ⅰ、Ⅱ等	m^3	0.157	0.157	0.157
	031509010	斜垫铁（综合）	kg	0.630	0.850	1.070
	850103006	其他材料费（占材料费）	%	1.000	1.000	1.000
机械	990304020	汽车式起重机 20t	台班	0.300	0.300	0.300
	990403010	平板拖车组 10t	台班	0.300	0.300	0.300
	990503030	电动单筒慢速卷扬机 50kN	台班	0.400	0.400	0.400
	990901010	交流弧焊机 21kV·A	台班	0.210	0.290	0.360
	990919010	电焊条烘干箱 45×35×45cm^3	台班	0.050	0.080	0.100

15. 减　振　器

工作内容： 制垫、加垫、找正、固定。　　　　**计量单位：** 个

编号				7-1-137	7-1-138
项目				落地式	悬吊式
名称			单位	消耗量	
人工	000203000	综合二类工	工日	0.038	0.046
材料	225700001	减震器	个	（1.000）	（1.000）
	850103006	其他材料费（占材料费）	%	1.000	1.000

第二章

通风管道制作、安装

说　明

一、本章内容包括镀锌薄钢板法兰风管制作、安装，镀锌薄钢板共板法兰矩形风管制作、安装，薄钢板法兰风管制作、安装，镀锌薄钢板矩形净化风管制作、安装，不锈钢板风管制作、安装，铝板风管制作、安装，塑料风管制作、安装，玻璃钢风管安装，复合型酚醛风管制作、安装，复合型玻纤、玻镁风管制作、安装，柔性软风管安装，弯头导流叶片、软管接口、风管检查孔、温度、风量测定孔制作、安装，风管外防火板保护层制作、安装，挡烟垂壁安装。

二、下列费用可按系数分别计取：

1. 镀锌薄钢板风管制作安装项目中，当板材厚度大于 1.20mm 时，其人工、机械乘以系数 1.15，板材可按实际厚度计算。

2. 薄钢板风管整个通风系统设计采用渐缩管均匀送风者，圆形风管按平均直径、矩形风管按平均周长执行风管制作、安装相应项目，其人工乘以系数 2.50。

3. 如制作空气幕送风管时，按矩形风管平均周长执行相应风管制作、安装相应项目，其人工乘以系数 3.00，其余不变。

4. 椭圆形风管按长轴规格执行相应圆形风管制作、安装相应项目，其人工乘以系数 1.20。

5. 圆弧形风管执行圆形风管制作、安装相应项目，其人工乘以系数 1.40。

6. 防排烟复合风管（角钢法兰连接）制作安装执行复合型酚醛风管制作、安装相应项目，其人工、机械乘以系数 1.20。

7. 竖井内的风管制作、安装，其人工、机械乘以系数 1.20。

8. 防排烟风道内衬镀锌钢板时，执行镀锌薄钢板风管制作、安装项目，其人工、机械乘以系数 1.20。

三、相关说明：

1. 镀锌薄钢板风管项目中的板材是按镀锌薄钢板编制的，如设计要求材质不同时，板材可以换算，其他不变。

2. 风管导流叶片不分单叶片和香蕉形双叶片均执行同一相应项目。

3. 薄钢板通风管道、净化通风管道、玻璃钢通风管道、复合型风管制作、安装项目中，包括弯头、三通、变径管、天圆地方等管件及法兰、加固框和吊托支架的制作、安装，不包括过跨风管落地支架制作、安装，落地支架制作、安装，应执行本册第三章设备支架制作、安装相应项目。

4. 薄钢板风管、净化风管、不锈钢板风管、铝板风管、塑料风管项目中的板材，如设计厚度不同时可以换算，其人工、机械不变。

5. 净化圆形风管制作、安装执行本章矩形风管制作、安装项目。

6. 净化风管涂密封胶按全部口缝外表面涂抹考虑。如设计要求口缝处不涂抹而只在法兰处涂抹时，每 $10m^2$ 风管应减去密封胶 1.50kg 和人工 0.37 工日。

7. 净化风管及部件制作、安装项目中，型钢未包括镀锌费，如设计要求镀锌时，应另行计算。

8. 净化通风管道项目按空气洁净度 100000 级编制，如设计要求空气洁净度高于 100000 级时，其人工、材料乘以系数 1.30，机械不变。

9. 净化通风管道风管导流叶片按面积计算，执行本章相应项目乘以系数 1.30。

10. 不锈钢板风管咬口连接制作、安装执行本章镀锌薄钢板风管法兰连接项目，安装所用辅材如采用不锈钢材质时，可按实调整。

11. 不锈钢板风管、铝板风管制作、安装项目中包括各种管件，但不包括法兰和吊托支架；法兰和吊托支架应单独列项计算，不锈钢板风管法兰及吊托支架、铝板风管法兰，应执行本册第三章相应项目；铝板风管吊托支架，应执行本册第三章设备支架制作、安装相应项目。

12. 塑料风管制作、安装项目中包括管件、法兰、加固框，但不包括吊托支架制作、安装，吊托支架，应执行本册第三章设备支架制作、安装相应项目。

13. 塑料风管制作、安装项目中的法兰垫料如与设计要求使用材质不同时可以换算，但人工消耗量不变。

14. 塑料通风管道胎具材料摊销费的计算方法：塑料风管管件制作的胎具摊销材料费，未包括在内，按以下规定另行计算：

（1）风管工程量在 $30m^2$ 以上的，每 $10m^2$ 风管增加木材为 $0.06m^3$。

（2）风管工程量在 $30m^2$ 以下的，每 $10m^2$ 风管增加木材为 $0.09m^3$。

15. 玻璃钢风管及管件按计算工程量加损耗外加工订作考虑。

16. 软管接口材质如不采用帆布，而采用其他材质时，应按实际材质计算。

17. 项目中的法兰垫料按橡胶板编制，如与设计要求使用的材料品种不同时可以换算，但人工消耗量不变。使用泡沫塑料者每 1kg 橡胶板换算为泡沫塑料 0.125kg；使用闭孔乳胶海棉者每 1kg 橡胶板换算为闭孔乳胶海棉 0.5kg。

18. 柔性软风管适用于由金属、涂塑化纤织物、聚酯、聚乙烯、聚氯乙烯薄膜、铝箔等材料制成的软风管。

19. 柔性软风管支架制作、安装，应执行本册第三章设备支架制作、安装相应项目。

20. 挡烟垂壁适用于防火玻璃型和挡烟布型等材料制成的固定式挡烟垂壁，不包含型钢框架的制作、安装，应执行本册第三章设备支架制作、安装相应项目。

21. 挡烟垂壁的执行机构安装，应执行第六册《自动化控制仪表安装工程》相应项目。

22. 风管外防火板保护层制作、安装项目适用于矩形风管绝热层外，设计要求采用防火板做保护层的安装项目。

工程量计算规则

一、薄钢板风管、净化风管、不锈钢风管、铝板风管、塑料风管，应按设计图示风管内径尺寸以展开面积计算，分别以“$10m^2$”为计量单位。

二、玻璃钢风管、复合型风管，应按设计图示风管外径尺寸以展开面积计算，分别以“$10m^2$”为计量单位。

三、计算风管面积时，不扣除检查孔、测定孔、送风口、吸风口等所占面积。

四、薄钢板风管、净化风管、不锈钢风管、铝板风管、塑料风管、玻璃钢风管、复合型风管、防火板风管长度计算时均以设计图示中心线长度（主管与支管以其中心线交点划分），包括弯头、三通、四通、变径管、天圆地方等管件的长度，不包括部件（风阀、消声器、消声弯头、静压箱）所占的长度，变径管长度计算到大管径风管延长米内，弯头长度按两风管中心线交点计算。

五、风管末端堵板工程量，应以风管尺寸按面积计算，并计入到风管工程量内。

六、柔性软风管安装，应区分风管不同直径，按设计图示中心线长度，分别以“m”为计量单位。

七、弯头导流叶片制作、安装，按设计图示叶片尺寸，以“m^2”为计量单位。

八、软管（帆布）接口制作、安装，按设计图示尺寸，以“m^2”为计量单位。

九、风管检查孔制作、安装，按设计图示尺寸，以“100kg”为计量单位。

十、温度、风量测定孔制作、安装，依据其型号，按设计图示数量，分别以“个”为计量单位。

十一、挡烟垂壁安装，按设计图示尺寸，以“m^2”为计量单位。

十二、风管外防火板保护层制作、安装，按设计图示保护层内径尺寸以展开面积计算，分别以“$10m^2$”为计量单位。

一、镀锌薄钢板法兰风管制作、安装

1. 圆形风管（$\delta = 1.2mm$ 以内咬口）

工作内容： 1. 制作：放样、下料、卷圆、轧口、咬口、制作直管、管件、法兰、吊托支架、钻孔、铆焊、上法兰、组对等。
2. 安装：配合预留孔洞、找标高、打支架墙洞、埋设吊托支架、风管就位、组装、找平、找正、制垫、加垫、上螺栓、紧固等。

计量单位： $10m^2$

编号				7-2-1	7-2-2	7-2-3	7-2-4	7-2-5
项目				直径（mm）				
				≤ 320	≤ 450	≤ 1000	≤ 1250	≤ 2000
名称			单位	消耗量				
人工	000203000	综合二类工	工日	7.735	6.354	4.758	5.074	6.022
材料	012907013	镀锌薄钢板 δ0.5	m^2	（11.380）	—	—	—	—
	012907016	镀锌薄钢板 δ0.6	m^2	—	（11.380）	—	—	—
	012907018	镀锌薄钢板 δ0.75	m^2	—	—	（11.380）	—	—
	012907020	镀锌薄钢板 δ1.0	m^2	—	—	—	（11.380）	—
	012907022	镀锌薄钢板 δ1.2	m^2	—	—	—	—	（11.380）
	012101008	角钢 60	kg	0.890	31.600	32.710	33.015	33.930
	012101010	角钢 63	kg	—	—	2.330	2.545	3.190
	011301001	扁钢 59 以内	kg	20.640	3.560	2.150	3.930	9.270
	010901006	圆钢 ϕ6～8	kg	2.930	1.900	0.750	0.593	0.120
	010901008	圆钢 ϕ10～14	kg	—	—	1.210	2.133	4.900
	020101002	橡胶板 δ1～3	kg	1.400	1.240	0.970	0.958	0.920
	031301009	低碳钢焊条 J427（综合）	kg	0.420	0.340	0.150	0.135	0.090
	030105134	精制六角带帽螺栓 M6 × 75	套	85.000	71.670	—	—	—
	030105136	精制六角带帽螺栓 M8 × 75	套	—	—	51.500	46.000	39.000
	030113005	垫圈 M10～20	10 个	17.000	14.340	10.300	9.200	7.800
	142907002	乙炔气	kg	0.032	0.045	0.052	0.056	0.068
	142909001	氧气	m^3	0.084	0.117	0.135	0.146	0.177
	030101004	铁铆钉	kg	—	0.270	0.210	0.193	0.140
	031101012	尼龙砂轮片 ϕ400	片	0.015	0.023	0.024	0.032	0.026
	850103006	其他材料费（占材料费）	%	1.000	1.000	1.000	1.000	1.000
机械	990901010	交流弧焊机 21kV · A	台班	0.160	0.130	0.040	0.035	0.020
	990726010	台式钻床 16mm	台班	0.690	0.580	0.430	0.410	0.350
	990757010	法兰卷圆机 L40 × 4	台班	0.500	0.320	0.170	0.140	0.050
	990732005	剪板机 6.3 × 2000mm	台班	0.040	0.020	0.010	0.010	0.010
	990734005	卷板机 2 × 1600mm	台班	0.040	0.020	0.010	0.010	0.010
	990739020	咬口机 1.5mm	台班	0.040	0.030	0.010	0.010	0.010

2. 矩形风管（$\delta=1.2mm$ 以内咬口）

工作内容： 1. 制作：放样、下料、折方、轧口、咬口，制作直管、管件、吊托支架，钻孔、焊接、组对等。
2. 安装：配合预留孔洞、找标高、打支架墙洞、埋设吊托支架、组装、风管就位、找平、找正、制垫、加垫、上螺栓、紧固等。　　　**计量单位：** $10m^2$

编　号				7-2-6	7-2-7	7-2-8	7-2-9	7-2-10	7-2-11
项　目				长边长（mm）					
				≤ 320	≤ 450	≤ 1000	≤ 1250	≤ 2000	≤ 4000
名　称			单位	消　耗　量					
人工	000203000	综合二类工	工日	5.802	4.224	3.174	3.344	3.856	4.048
材料	012907013	镀锌薄钢板 δ0.5	m^2	（11.380）	—	—	—	—	—
	012907016	镀锌薄钢板 δ0.6	m^2	—	（11.380）	—	—	—	—
	012907018	镀锌薄钢板 δ0.75	m^2	—	—	（11.380）	—	—	—
	012907020	镀锌薄钢板 δ1.0	m^2	—	—	—	（11.380）	—	—
	012907022	镀锌薄钢板 δ1.2	m^2	—	—	—	—	（11.380）	（11.380）
	012101001	角钢 50 × 5 以内	kg	40.420	35.660	35.040	37.565	45.140	47.397
	012101010	角钢 63	kg	—	—	0.160	0.185	0.260	0.273
	011901004	槽钢 $5^{\#}$～$16^{\#}$	kg	—	—	15.287	16.650	20.739	21.776
	011301001	扁钢 59 以内	kg	2.150	1.330	1.120	1.095	1.020	1.020
	010901006	圆钢 ϕ6～8	kg	1.350	1.930	1.490	1.138	0.080	0.080
	010901008	圆钢 ϕ10～14	kg	—	—	—	—	1.850	1.850
	020101002	橡胶板 δ1～3	kg	1.840	1.300	0.920	0.893	0.810	0.810
	031301009	低碳钢焊条 J427（综合）	kg	2.240	1.060	0.490	0.453	0.340	0.357
	030105134	精制六角带帽螺栓 M6 × 75	套	169.000	—	—	—	—	—
	030105136	精制六角带帽螺栓 M8 × 75	套	—	90.500	43.000	38.500	33.500	33.500
	030113005	垫圈 M10～20	10 个	33.800	18.100	8.600	7.700	6.700	6.700
	030101004	铁铆钉	kg	0.430	0.240	0.220	0.220	0.220	0.231
	142907002	乙炔气	kg	0.058	0.052	0.052	0.055	0.065	0.068
	142909001	氧气	m^3	0.150	0.135	0.135	0.143	0.168	0.176
	031101012	尼龙砂轮片 ϕ400	片	0.027	0.024	0.023	0.030	0.025	0.025
	850103006	其他材料费（占材料费）	%	1.000	1.000	1.000	1.000	1.000	1.000
机械	990901010	交流弧焊机 21kV · A	台班	0.480	0.220	0.100	0.090	0.070	0.070
	990726010	台式钻床 16mm	台班	1.150	0.590	0.360	0.348	0.310	0.310
	990732005	剪板机 6.3 × 2000mm	台班	0.040	0.040	0.030	0.028	0.020	0.020
	990737040	折方机 4 × 2000mm	台班	0.040	0.040	0.030	0.028	0.020	0.020
	990739020	咬口机 1.5mm	台班	0.040	0.040	0.030	0.028	0.020	0.020

二、镀锌薄钢板共板法兰矩形风管制作、安装

工作内容： 1. 制作：放样、下料、折方、轧口、咬口、制作直管、管件、吊托支架、钻孔、焊接、组对等。
2. 安装：配合预留孔洞、找标高、打支架墙洞、埋设吊托支架、组装、风管就位、找平、找正、加密封胶条、上角码、弹簧夹、螺栓、紧固等。 **计量单位：**$10m^2$

编号				7-2-12	7-2-13	7-2-14	7-2-15	7-2-16
项目				$\delta=1.2$mm 以内咬口 长边长（mm）				
				≤320	≤450	≤1000	≤1250	≤2000
名称			单位	消耗量				
人工	000203000	综合二类工	工日	4.444	3.236	2.432	2.562	2.952
材料	012907013	镀锌薄钢板 $\delta0.5$	m^2	（11.800）	—	—	—	—
	012907016	镀锌薄钢板 $\delta0.6$	m^2	—	（11.800）	—	—	—
	012907018	镀锌薄钢板 $\delta0.75$	m^2	—	—	（11.800）	—	—
	012907020	镀锌薄钢板 $\delta1.0$	m^2	—	—	—	（11.800）	—
	012907022	镀锌薄钢板 $\delta1.2$	m^2	—	—	—	—	（11.800）
	012101008	角钢 60	kg	25.420	20.660	—	—	—
	011301001	扁钢 59 以内	kg	2.150	1.330	1.120	1.095	1.020
	010901006	圆钢 $\phi6\sim8$	kg	1.350	1.930	1.490	1.138	0.080
	010901008	圆钢 $\phi10\sim14$	kg	—	—	—	—	1.850
	011901004	槽钢 $5^{\#}\sim16^{\#}$	kg	—	—	15.287	16.650	20.739
	031301009	低碳钢焊条 J427（综合）	kg	1.456	0.647	0.230	0.215	0.167
	030105134	精制六角带帽螺栓 M6×75	套	169.000	—	—	—	—
	030105136	精制六角带帽螺栓 M8×75	套	—	90.500	43.000	38.500	33.500
	030113005	垫圈 M10～20	10个	33.800	18.100	8.600	7.700	6.700
	340903001	弹簧夹	个	21.131	21.674	38.276	28.707	—
	224521002	镀锌风管角码 $\delta1.0$	个	43.530	21.465	12.636	12.051	10.296
	142907002	乙炔气	kg	0.038	0.032	0.025	0.026	0.032
	182518005	顶丝卡	个	—	—	—	—	98.760
	142909001	氧气	m^3	0.099	0.083	0.064	0.068	0.082
	133503016	密封胶 KS 型	kg	0.480	0.349	0.307	0.307	0.307
	340201001	橡胶密封条	m	19.340	14.079	10.363	10.004	10.004
	031101012	尼龙砂轮片 $\phi400$	片	0.500	0.413	0.309	0.409	0.326
	850103006	其他材料费（占材料费）	%	1.000	1.000	1.000	1.000	1.000
机械	990743010	等离子切割机 400A	台班	0.336	0.361	0.180	0.175	0.161
	990901010	交流弧焊机 21kV·A	台班	0.312	0.134	0.047	0.044	0.034
	990726010	台式钻床 16mm	台班	0.382	0.179	0.132	0.128	0.114
	990737040	折方机 4×2000mm	台班	0.336	0.361	0.180	0.175	0.161
	990739020	咬口机 1.5mm	台班	0.336	0.361	0.180	0.175	0.161

三、薄钢板法兰风管制作、安装

1. 圆形风管（$\delta=2$mm 以内焊接）

工作内容： 1. 制作：放样、下料、轧口、卷圆、咬口、翻边、铆铆钉、点焊、焊接成型、制作直管、管件、法兰、吊托支架、钻孔、铆焊、上法兰、组对等。

2. 安装：配合预留孔洞、打支架墙洞、埋设吊托支架、找标高、风管就位、组装、找平、找正、制垫、加垫、上螺栓、紧固等。

计量单位： 10m²

编号				7-2-17	7-2-18	7-2-19	7-2-20
项目				直径（mm）			
				≤320	≤450	≤1000	≤2000
名称			单位	消耗量			
人工	000203000	综合二类工	工日	16.658	9.431	6.937	6.810
材料	012901020	热轧薄钢板 δ2.0	m²	（10.800）	（10.800）	（10.800）	（10.800）
	012101008	角钢 60	kg	0.890	31.600	32.710	33.930
	012101010	角钢 63	kg	—	—	2.330	3.190
	011301001	扁钢 59 以内	kg	20.640	3.750	2.580	9.270
	010901006	圆钢 φ6～8	kg	2.930	1.900	0.750	0.120
	010901008	圆钢 φ10～14	kg	—	—	1.210	4.900
	020101002	橡胶板 δ1～3	kg	1.400	1.240	0.970	0.920
	031301009	低碳钢焊条 J427（综合）	kg	6.770	5.200	4.600	4.450
	031301023	碳钢气焊条（综合）	kg	1.000	0.900	0.780	0.790
	030105134	精制六角带帽螺栓 M6×75	套	85.000	71.670	—	—
	030105136	精制六角带帽螺栓 M8×75	套	—	—	51.500	39.000
	030113005	垫圈 M10～20	10个	17.000	14.340	10.300	7.800
	142907002	乙炔气	kg	0.158	0.247	0.121	0.122
	142909001	氧气	m³	0.411	0.642	0.315	0.318
	031101012	尼龙砂轮片 φ400	片	0.423	0.644	0.684	0.888
	850103006	其他材料费（占材料费）	%	1.000	1.000	1.000	1.000
机械	990901010	交流弧焊机 21kV·A	台班	3.960	2.320	1.780	1.740
	990726010	台式钻床 16mm	台班	0.620	0.480	0.320	0.250
	990757010	法兰卷圆机 L40×4	台班	0.500	0.320	0.170	0.140
	990732005	剪板机 6.3×2000mm	台班	0.060	0.040	0.020	0.020
	990734005	卷板机 2×1600mm	台班	0.060	0.040	0.020	0.020

2. 圆形风管（$\delta=3$mm 以内焊接）

工作内容： 1. 制作：放样、下料、轧口、卷圆、咬口、翻边、铆铆钉、点焊、焊接成型、制作直管、管件、法兰、吊托支架、钻孔、铆焊、上法兰、组对等。
2. 安装：配合预留孔洞、打支架墙洞、埋设吊托支架、找标高、风管就位、组装、找平、找正、制垫、加垫、上螺栓、紧固等。

计量单位： 10m²

编号				7-2-21	7-2-22	7-2-23	7-2-24
项目				直径（mm）			
				≤320	≤450	≤1000	≤2000
名称			单位	消耗量			
人工	000203000	综合二类工	工日	20.886	10.775	8.130	7.942
材料	012901023	热轧薄钢板 δ3.0	m²	（10.800）	（10.800）	（10.800）	（10.800）
	012101008	角钢 60	kg	32.170	33.880	37.270	42.660
	012101010	角钢 63	kg	—	—	2.330	3.190
	011301001	扁钢 59 以内	kg	4.050	3.560	2.580	9.270
	010901006	圆钢 ϕ6～8	kg	2.930	1.900	0.750	0.120
	020101002	橡胶板 δ1～3	kg	1.460	1.300	0.970	0.920
	010901008	圆钢 ϕ10～14	kg	—	—	0.960	4.900
	031301009	低碳钢焊条 J427（综合）	kg	15.700	10.410	8.430	8.260
	031301023	碳钢气焊条（综合）	kg	2.200	1.680	1.480	1.490
	030105134	精制六角带帽螺栓 M6×75	套	85.000	71.670	—	—
	030105136	精制六角带帽螺栓 M8×75	套	—	—	51.500	39.000
	030113005	垫圈 M10～20	10个	17.000	14.340	10.300	7.800
	142907002	乙炔气	kg	0.802	0.613	0.537	0.545
	142909001	氧气	m³	2.085	1.593	1.395	1.416
	031101012	尼龙砂轮片 ϕ400	片	0.677	0.680	0.758	1.039
	850103006	其他材料费（占材料费）	%	1.000	1.000	1.000	1.000
机械	990901010	交流弧焊机 21kV·A	台班	4.070	2.270	1.730	1.710
	990726010	台式钻床 16mm	台班	0.340	0.290	0.210	0.160
	990757010	法兰卷圆机 L40×4	台班	0.500	0.320	0.180	0.140
	990732005	剪板机 6.3×2000mm	台班	0.100	0.060	0.040	0.020
	990734005	卷板机 2×1600mm	台班	0.100	0.060	0.040	0.020

3. 矩形风管（δ = 2mm 以内焊接）

工作内容： 1. 制作：放样、下料、折方、轧口、咬口、翻边、铆铆钉、点焊、焊接成型、制作直管、管件、法兰、吊托支架、钻孔、铆焊、上法兰、组对等。

2. 安装：配合预留孔洞、找标高、打支架墙洞、埋设吊托支架、组装、风管就位、找平、找正、制垫、加垫、上螺栓、紧固等。

计量单位： $10m^2$

编　号				7-2-25	7-2-26	7-2-27	7-2-28	7-2-29
项　目				长边长（mm）				
				≤ 320	≤ 450	≤ 1000	≤ 1250	≤ 2000
名　称			单位	消　耗　量				
人工	000203000	综合二类工	工日	10.487	6.893	4.864	4.713	4.260
材料	012901020	热轧薄钢板 δ2.0	m^2	（10.800）	（10.800）	（10.800）	（10.800）	（10.800）
	012101008	角钢 60	kg	40.420	35.660	29.220	30.630	34.860
	012101010	角钢 63	kg	—	—	0.160	0.185	0.260
	011301001	扁钢 59 以内	kg	2.150	1.330	1.120	1.095	1.020
	010901006	圆钢 ϕ6～8	kg	1.350	1.930	1.490	1.318	0.800
	010901008	圆钢 ϕ10～14	kg	—	—	—	—	1.850
	020101002	橡胶板 δ1～3	kg	1.840	1.300	0.920	0.905	0.860
	031301009	低碳钢焊条 J427（综合）	kg	9.540	6.230	4.590	4.266	3.290
	031301023	碳钢气焊条（综合）	kg	1.450	0.930	0.730	0.658	0.440
	030105134	精制六角带帽螺栓 M6 × 75	套	169.000	81.500	—	—	—
	030105136	精制六角带帽螺栓 M8 × 75	套	—	—	43.000	38.500	33.500
	030113005	垫圈 M10～20	10 个	33.800	16.300	8.600	7.700	7.700
	142907002	乙炔气	kg	0.227	0.144	0.115	0.104	0.070
	142909001	氧气	m^3	0.591	0.375	0.300	0.271	0.183
	031101012	尼龙砂轮片 ϕ400	片	0.759	0.673	0.553	0.574	0.667
	850103006	其他材料费（占材料费）	%	1.000	1.000	1.000	1.000	1.000
机械	990901010	交流弧焊机 21kV · A	台班	3.660	2.050	1.270	1.213	1.040
	990726010	台式钻床 16mm	台班	1.020	0.470	0.270	0.260	0.230
	990732005	剪板机 6.3 × 2000mm	台班	0.070	0.060	0.040	0.040	0.040
	990737040	折方机 4 × 2000mm	台班	0.070	0.060	0.040	0.040	0.040

4. 矩形风管（$\delta=3$mm 以内焊接）

工作内容： 1. 制作：放样、下料、折方、轧口、咬口、翻边、铆铆钉、点焊、焊接成型、制作直管、管件、法兰、吊托支架、钻孔、铆焊、上法兰、组对等。
2. 安装：配合预留孔洞、找标高、打支架墙洞、埋设吊托支架、组装、风管就位、找平、找正、制垫、加垫、上螺栓、紧固等。

计量单位： 10m²

编号				7-2-30	7-2-31	7-2-32	7-2-33	7-2-34
项目				长边长（mm）				
				≤ 320	≤ 450	≤ 1000	≤ 1250	≤ 2000
名称			单位	消耗量				
人工	000203000	综合二类工	工日	12.272	8.006	5.517	5.386	4.995
材料	012901023	热轧薄钢板 δ3.0	m²	（10.800）	（10.800）	（10.800）	（10.800）	（10.800）
	012101008	角钢 60	kg	42.860	39.350	34.560	38.178	49.030
	012101010	角钢 63	kg	—	—	0.160	0.185	0.260
	011301001	扁钢 59 以内	kg	2.150	1.330	1.120	1.095	1.020
	010901006	圆钢 ϕ6～8	kg	1.350	1.930	1.490	1.138	0.080
	010901008	圆钢 ϕ10～14	kg	—	—	—	—	1.850
	020101002	橡胶板 δ1～3	kg	1.890	1.350	0.920	0.905	0.860
	031301009	低碳钢焊条 J427（综合）	kg	19.940	12.120	8.320	7.751	6.040
	031301023	碳钢气焊条（综合）	kg	3.170	3.790	1.390	1.253	0.840
	030105134	精制六角带帽螺栓 M6 × 75	套	169.000	81.500	—	—	—
	030105136	精制六角带帽螺栓 M8 × 75	套	—	—	43.000	38.500	33.500
	030113005	垫圈 M10～20	10 个	33.800	16.300	8.600	7.700	7.700
	142907002	乙炔气	kg	1.125	0.690	0.490	0.445	0.308
	142909001	氧气	m³	2.925	1.794	1.275	1.157	0.801
	031101012	尼龙砂轮片 ϕ400	片	0.801	0.736	0.645	0.701	0.903
	850103006	其他材料费（占材料费）	%	1.000	1.000	1.000	1.000	1.000
机械	990901010	交流弧焊机 21kV · A	台班	3.660	2.040	1.270	1.213	1.040
	990726010	台式钻床 16mm	台班	1.020	0.520	0.270	0.260	0.230
	990732005	剪板机 6.3 × 2000mm	台班	0.100	0.070	0.040	0.038	0.030
	990737040	折方机 4 × 2000mm	台班	0.100	0.070	0.040	0.040	0.040

四、镀锌薄钢板矩形净化风管制作、安装（咬口）

工作内容： 1. 制作：放样、下料、折方、轧口、咬口制作直管、管件、法兰、吊托支架、钻孔、铆焊、上法兰、组对、口缝外表面涂密封胶、风管内表面清洗，风管两端封口等。

2. 安装：配合预留孔洞、找标高、打支架墙洞、埋设支吊架、风管就位、组装、制垫、加垫、上螺栓、紧固、找平、找正、风管内表面清洗、管口封闭、法兰口涂密封胶等。

计量单位： 10m²

编号				7-2-35	7-2-36	7-2-37	7-2-38	7-2-39
项目				长边长（mm）				
				≤ 320	≤ 450	≤ 1000	≤ 1250	≤ 2000
		名称	单位	消耗量				
人工	000203000	综合二类工	工日	7.766	5.994	4.851	4.819	4.726
材料	012907013	镀锌薄钢板 δ0.5	m²	（11.490）	—	—	—	—
	012907016	镀锌薄钢板 δ0.6	m²	—	（11.490）	—	—	—
	012907018	镀锌薄钢板 δ0.75	m²	—	—	（11.490）	—	—
	012907020	镀锌薄钢板 δ1.0	m²	—	—	—	（11.490）	—
	012907022	镀锌薄钢板 δ1.2	m²	—	—	—	—	（11.490）
	012101008	角钢 60	kg	57.720	57.720	62.820	62.820	62.820
	010901008	圆钢 ϕ10～14	kg	1.400	1.470	2.000	2.133	2.530
	020101002	橡胶板 δ1～3	kg	0.680	0.480	0.320	0.310	0.300
	144135001	401 胶	kg	0.500	0.350	0.240	0.235	0.220
	133503016	密封胶 KS 型	kg	2.000	2.000	2.000	2.000	2.000
	020901004	聚氯乙烯薄膜	kg	0.750	0.750	0.750	0.750	0.750
	031301009	低碳钢焊条 J427（综合）	kg	2.240	1.230	0.500	0.455	0.320
	030105136	精制六角带帽螺栓 M8 × 75	套	211.000	119.000	54.000	49.500	43.000
	030113005	垫圈 M10～20	10 个	42.200	23.800	10.800	9.900	8.600
	030101005	镀锌铆钉 M4	kg	0.650	0.350	0.330	0.330	0.330
	143505005	洗涤剂	kg	7.320	7.320	7.320	7.320	7.320
	022703001	白布	m²	1.000	1.000	1.000	1.000	1.000
	022909001	白绸	m²	1.000	1.000	1.000	1.000	1.000
	021301011	塑料打包带	kg	0.200	0.200	0.200	0.200	0.200
	182518006	打包铁卡子	10 个	2.000	1.600	0.800	0.750	0.600
	031101012	尼龙砂轮片 ϕ400	片	1.022	1.023	1.120	1.122	1.129
	850103006	其他材料费（占材料费）	%	1.000	1.000	1.000	1.000	1.000
机械	990901010	交流弧焊机 21kV · A	台班	0.480	0.250	0.110	0.100	0.070
	990726010	台式钻床 16mm	台班	1.580	0.870	0.500	0.485	0.440
	990732005	剪板机 6.3 × 2000mm	台班	0.040	0.040	0.030	0.033	0.040
	990737040	折方机 4 × 2000mm	台班	0.040	0.040	0.030	0.033	0.040
	990739020	咬口机 1.5mm	台班	0.040	0.040	0.030	0.033	0.040

五、不锈钢板风管制作、安装

1. 圆形风管（电弧焊）

工作内容： 1. 制作：放样、下料、剪切、卷圆、上法兰、点焊、焊接成型、焊缝酸洗、钝化等。
2. 安装：配合预留孔洞、找标高、找平、找正、固定等。 **计量单位：** $10m^2$

编号				7-2-40	7-2-41	7-2-42	7-2-43	7-2-44
项目				直径×壁厚（mm）				
				≤200×2	≤400×2	≤560×2	≤700×3	>700×3
名称			单位	消耗量				
人工	000203000	综合二类工	工日	36.372	20.594	17.589	15.147	14.872
材料	012913014	不锈钢板 δ2	m^2	（10.800）	（10.800）	（10.800）	—	—
	012913016	不锈钢板 δ3	m^2	—	—	—	（10.800）	（10.800）
	012901016	热轧薄钢板 δ0.5	m^2	0.100	0.100	0.100	0.150	0.150
	031301002	不锈钢焊条 A102 ϕ2.5	kg	8.230	6.730	6.120	—	—
	031301003	不锈钢焊条 A102 ϕ3.2	kg	—	—	—	11.020	10.250
	031102005	铁砂布 0#～2#	张	26.000	26.000	19.500	19.500	19.500
	133301001	石油沥青油毡	m^2	1.010	1.010	1.110	1.210	1.210
	143103001	硝酸	kg	5.530	5.530	4.000	4.000	4.000
	140307001	煤油	kg	1.950	1.950	1.950	1.950	1.950
	031541003	钢锯条	条	26.000	26.000	21.000	21.000	21.000
	040915001	白垩粉	kg	3.000	3.000	3.000	3.000	3.000
	022701003	棉纱头	kg	1.300	1.300	1.300	1.300	1.300
	850103006	其他材料费（占材料费）	%	1.000	1.000	1.000	1.000	1.000
机械	990904030	直流弧焊机 20kV·A	台班	6.830	5.620	4.840	5.040	3.080
	990734005	卷板机 2×1600mm	台班	1.490	0.960	0.680	0.550	0.300
	990732005	剪板机 6.3×2000mm	台班	1.490	0.960	0.680	0.550	0.300

2. 圆形风管（氩弧焊）

工作内容： 1. 制作：放样、下料、剪切、卷圆、上法兰、点焊、焊接成型、焊缝酸洗、钝化等。

2. 安装：配合预留孔洞、找标高、找平、找正、固定等。 **计量单位：** $10m^2$

编号				7-2-45	7-2-46	7-2-47	7-2-48	7-2-49
项目				直径 × 壁厚（mm）				
				≤ 200 × 2	≤ 400 × 2	≤ 560 × 2	≤ 700 × 3	> 700 × 3
名称			单位	消耗量				
人工	000203000	综合二类工	工日	45.029	25.495	21.775	18.751	18.412
材料	012913014	不锈钢板 δ2	m^2	（10.800）	（10.800）	（10.800）	—	—
	012913016	不锈钢板 δ3	m^2	—	—	—	（10.800）	（10.800）
	012901016	热轧薄钢板 δ0.5	m^2	0.100	0.100	0.100	0.150	0.150
	031303017	不锈钢焊丝（综合）	kg	4.115	3.365	3.060	5.510	5.125
	031102005	铁砂布 0#～2#	张	26.000	26.000	19.500	19.500	19.500
	143103001	硝酸	kg	5.530	5.530	4.000	4.000	4.000
	140307001	煤油	kg	1.950	1.950	1.950	1.950	1.950
	031541003	钢锯条	条	26.000	26.000	21.000	21.000	21.000
	022701003	棉纱头	kg	1.300	1.300	1.300	1.300	1.300
	142911001	氩气	m^3	11.522	9.422	8.568	15.428	14.350
	340101003	铈钨棒	g	23.044	18.844	17.136	30.856	28.700
	850103006	其他材料费（占材料费）	%	1.000	1.000	1.000	1.000	1.000
机械	990734005	卷板机 2 × 1600mm	台班	1.490	0.960	0.680	0.550	0.300
	990732005	剪板机 6.3 × 2000mm	台班	1.490	0.960	0.680	0.550	0.300
	990912010	氩弧焊机 500A	台班	13.660	11.240	9.680	10.080	9.310

3. 矩形风管（电弧焊）

工作内容： 1. 制作：放样、下料、剪切、折方、上法兰、点焊、焊接成型、焊缝酸洗、钝化等。
2. 安装：配合预留孔洞、找标高、起吊、找正、找平、固定等。 **计量单位：** $10m^2$

编号				7-2-50	7-2-51	7-2-52	7-2-53	7-2-54
项目				长边长×壁厚（mm）				
				≤200×2	≤400×2	≤560×2	≤700×3	>700×3
名称			单位	消耗量				
人工	000203000	综合二类工	工日	24.733	14.004	11.961	10.299	10.113
材料	012913014	不锈钢板 δ2	m^2	（10.800）	（10.800）	（10.800）	—	—
	012913016	不锈钢板 δ3	m^2	—	—	—	（10.800）	（10.800）
	012901016	热轧薄钢板 δ0.5	m^2	0.100	0.100	0.100	0.150	0.150
	031301002	不锈钢焊条 A102 ϕ2.5	kg	8.230	6.730	6.120	—	—
	031301003	不锈钢焊条 A102 ϕ3.2	kg	—	—	—	11.020	10.250
	031102005	铁砂布 $0^{\#}$～$2^{\#}$	张	26.000	26.000	19.500	19.500	19.500
	133301001	石油沥青油毡	m^2	1.010	1.010	1.110	1.210	1.210
	143103001	硝酸	kg	5.530	5.530	4.000	4.000	4.000
	140307001	煤油	kg	1.950	1.950	1.950	1.950	1.950
	031541003	钢锯条	条	26.000	26.000	21.000	21.000	21.000
	040915001	白垩粉	kg	3.000	3.000	3.000	3.000	3.000
	022701003	棉纱头	kg	1.300	1.300	1.300	1.300	1.300
	850103006	其他材料费（占材料费）	%	1.000	1.000	1.000	1.000	1.000
机械	990904030	直流弧焊机 20kV·A	台班	6.830	5.620	4.840	5.040	3.080
	990737040	折方机 4×2000mm	台班	1.490	0.960	0.680	0.550	0.300
	990732005	剪板机 6.3×2000mm	台班	1.490	0.960	0.680	0.550	0.300

4. 矩形风管（氩弧焊）

工作内容：1. 制作：放样、下料、剪切、折方、上法兰、点焊、焊接成型、焊缝酸洗、钝化等。
2. 安装：配合预留孔洞、找标高、起吊、找正、找平、固定等。 **计量单位：**$10m^2$

编号				7-2-55	7-2-56	7-2-57	7-2-58	7-2-59
项目				长边长×壁厚（mm）				
				≤200×2	≤400×2	≤560×2	≤700×3	>700×3
名称			单位	消耗量				
人工	000203000	综合二类工	工日	30.619	17.337	14.807	12.751	12.520
材料	012913014	不锈钢板 δ2	m^2	（10.800）	（10.800）	（10.800）	—	—
	012913016	不锈钢板 δ3	m^2	—	—	—	（10.800）	（10.800）
	012901016	热轧薄钢板 δ0.5	m^2	0.100	0.100	0.100	0.150	0.150
	031303017	不锈钢焊丝（综合）	kg	4.115	3.365	3.060	5.510	5.125
	031102005	铁砂布 0#～2#	张	26.000	26.000	19.500	19.500	19.500
	143103001	硝酸	kg	5.530	5.530	4.000	4.000	4.000
	140307001	煤油	kg	1.950	1.950	1.950	1.950	1.950
	031541003	钢锯条	条	26.000	26.000	21.000	21.000	21.000
	022701003	棉纱头	kg	1.300	1.300	1.300	1.300	1.300
	142911001	氩气	m^3	11.522	9.422	8.568	15.428	14.350
	340101003	铈钨棒	g	23.044	18.844	17.136	30.856	28.700
	850103006	其他材料费（占材料费）	%	1.000	1.000	1.000	1.000	1.000
机械	990737040	折方机 4×2000mm	台班	1.490	0.960	0.680	0.550	0.300
	990732005	剪板机 6.3×2000mm	台班	1.490	0.960	0.680	0.550	0.300
	990912010	氩弧焊机 500A	台班	13.660	11.240	9.680	10.080	9.310

六、铝板风管制作、安装

1. 圆形风管（氧乙炔焊）

工作内容： 1. 制作：放样、下料、卷圆、制作管件、组对焊接、试漏、清洗焊口等。
2. 安装：配合预留孔洞、清理墙洞、找标高、风管就位、找平、找正、组对焊接、试漏、清洗焊口、固定等。

计量单位： 10m²

编号				7-2-60	7-2-61	7-2-62	7-2-63
项目				直径 × 壁厚（mm）			
				≤ 200 × 2	≤ 400 × 2	≤ 630 × 2	≤ 2000 × 2
名称			单位	消耗量			
人工	000203000	综合二类工	工日	48.363	35.682	26.842	22.246
材料	014301003	铝板 δ2	m²	（10.800）	（10.800）	（10.800）	（10.800）
	012901016	热轧薄钢板 δ0.5	m²	0.100	0.100	0.100	0.150
	031303015	铝焊丝 丝 301（综合）	kg	2.520	2.040	1.880	2.160
	031307001	铝焊粉	kg	3.090	2.520	2.320	2.670
	142907002	乙炔气	kg	7.412	5.988	5.477	6.358
	142909001	氧气	m³	19.270	15.570	14.240	16.530
	031541003	钢锯条	条	13.000	11.050	9.100	9.100
	140307001	煤油	kg	1.950	1.950	1.950	1.950
	143159001	氢氧化钠（烧碱）	kg	2.600	2.600	2.600	2.600
	143303001	酒精	kg	1.300	1.300	1.300	1.300
	031102005	铁砂布 0#～2#	张	19.500	19.500	19.500	19.500
	133301001	石油沥青油毡	m²	1.010	1.010	1.110	1.210
	022701003	棉纱头	kg	1.300	1.300	1.300	1.300
	040915001	白垩粉	kg	2.500	2.500	2.500	2.500
	850103006	其他材料费（占材料费）	%	1.000	1.000	1.000	1.000
机械	990732005	剪板机 6.3 × 2000mm	台班	1.110	0.710	0.390	0.280
	990734005	卷板机 2 × 1600mm	台班	1.110	0.710	0.390	0.280

工作内容：1. 制作：放样、下料、卷圆、制作管件、组对焊接、试漏、清洗焊口等。
2. 安装：配合预留孔洞、清理墙洞、找标高、风管就位、找平、找正、组对焊接、试漏、清洗焊口、固定等。

计量单位：$10m^2$

编号				7-2-64	7-2-65	7-2-66	7-2-67	7-2-68
项目				直径×壁厚（mm）				
				≤200×3	≤400×3	≤630×3	≤700×3	>700×3
名称			单位	消耗量				
人工	000203000	综合二类工	工日	51.793	38.151	28.469	23.530	20.413
材料	014301005	铝板 δ3	m^2	（10.800）	（10.800）	（10.800）	（10.800）	（10.800）
	012901016	热轧薄钢板 δ0.5	m^2	0.100	0.100	0.100	0.150	0.150
	031303015	铝焊丝 丝301（综合）	kg	3.920	3.180	2.920	3.370	3.150
	031307001	铝焊粉	kg	4.040	3.280	3.010	3.490	3.240
	142907002	乙炔气	kg	9.496	7.750	7.108	8.231	7.669
	142909001	氧气	m^3	24.690	20.150	18.480	21.400	19.940
	031541003	钢锯条	条	13.000	11.050	9.100	9.100	9.100
	140307001	煤油	kg	1.950	1.950	1.950	1.950	1.950
	143159001	氢氧化钠（烧碱）	kg	2.600	2.600	2.600	2.600	2.600
	143303001	酒精	kg	1.300	1.300	1.300	1.300	1.300
	031102005	铁砂布 0#～2#	张	19.500	19.500	19.500	19.500	19.500
	133301001	石油沥青油毡	m^2	1.010	1.010	1.110	1.210	1.210
	022701003	棉纱头	kg	1.300	1.300	1.300	1.300	1.300
	040915001	白垩粉	kg	2.500	2.500	2.400	2.300	2.300
	850103006	其他材料费（占材料费）	%	1.000	1.000	1.000	1.000	1.000
机械	990732005	剪板机 6.3×2000mm	台班	1.230	0.790	0.440	0.310	0.230
	990734005	卷板机 2×1600mm	台班	1.230	0.790	0.440	0.310	0.230

2. 圆形风管（氩弧焊）

工作内容： 1. 制作：放样、下料、卷圆、制作管件、组对焊接、试漏、清洗焊口等。
2. 安装：配合预留孔洞、清理墙洞、找标高、风管就位、找平、找正、组对焊接、试漏、清洗焊口、固定等。

计量单位： $10m^2$

编号				7-2-69	7-2-70	7-2-71	7-2-72
项目				直径×壁厚（mm）			
				≤200×2	≤400×2	≤630×2	≤700×2
名称			单位	消耗量			
人工	000203000	综合二类工	工日	44.649	32.942	24.781	20.538
材料	014301003	铝板 δ2	m^2	（10.800）	（10.800）	（10.800）	（10.800）
	012901016	热轧薄钢板 δ0.5	m^2	0.100	0.100	0.100	0.150
	031303016	铝锰合金焊丝 丝321（综合）	kg	5.610	4.560	4.200	4.830
	031541003	钢锯条	条	13.000	11.050	9.100	9.100
	140307001	煤油	kg	1.950	1.950	1.950	1.950
	143159001	氢氧化钠（烧碱）	kg	2.600	2.600	2.600	2.600
	143303001	酒精	kg	1.300	1.300	1.300	1.300
	031102005	铁砂布 0#～2#	张	19.500	19.500	19.500	19.500
	022701003	棉纱头	kg	1.300	1.300	1.300	1.300
	142911001	氩气	m^3	15.708	12.768	11.760	13.524
	340101003	铈钨棒	g	31.416	25.536	23.520	27.048
	850103006	其他材料费（占材料费）	%	1.000	1.000	1.000	1.000
机械	990912010	氩弧焊机 500A	台班	13.660	11.240	10.095	11.720
	990732005	剪板机 6.3×2000mm	台班	1.110	0.710	0.390	0.280
	990734005	卷板机 2×1600mm	台班	1.110	0.710	0.390	0.280

工作内容：1. 制作：放样、下料、卷圆、制作管件、组对焊接、试漏、清洗焊口等。
2. 安装：配合预留孔洞、清理墙洞、找标高、风管就位、找平、找正、组对焊接、试漏、清洗焊口、固定等。

计量单位：$10m^2$

编号				7-2-73	7-2-74	7-2-75	7-2-76	7-2-77
项目				直径×壁厚（mm）				
				≤200×3	≤400×3	≤630×3	≤700×3	>700×3
名称			单位	消耗量				
人工	000203000	综合二类工	工日	47.815	35.221	26.282	21.723	18.846
材料	014301005	铝板 δ3	m^2	（10.800）	（10.800）	（10.800）	（10.800）	（10.800）
	012901016	热轧薄钢板 δ0.5	m^2	0.100	0.100	0.100	0.150	0.150
	031303016	铝锰合金焊丝 丝321（综合）	kg	7.960	6.460	5.930	6.860	6.390
	031541003	钢锯条	条	13.000	11.050	9.100	9.100	9.100
	140307001	煤油	kg	1.950	1.950	1.950	1.950	1.950
	143159001	氢氧化钠（烧碱）	kg	2.600	2.600	2.600	2.600	2.600
	143303001	酒精	kg	1.300	1.300	1.300	1.300	1.300
	031102005	铁砂布 0#～2#	张	19.500	19.500	19.500	19.500	19.500
	022701003	棉纱头	kg	1.300	1.300	1.300	1.300	1.300
	142911001	氩气	m^3	22.288	18.088	16.604	19.208	17.892
	340101003	铈钨棒	g	44.576	36.176	33.208	38.416	35.784
	850103006	其他材料费（占材料费）	%	1.000	1.000	1.000	1.000	1.000
机械	990912010	氩弧焊机 500A	台班	17.498	14.288	13.100	10.080	9.390
	990732005	剪板机 6.3×2000mm	台班	1.230	0.790	0.440	0.310	0.230
	990734005	卷板机 2×1600mm	台班	1.230	0.790	0.440	0.310	0.230

3. 矩形风管（氧乙炔焊）

工作内容： 1. 制作：放样、下料、折方、制作管件、组对焊接、试漏、清洗焊口等。

2. 安装：配合预留孔洞、清理墙洞、找标高、风管就位、找平、找正、组对焊接、试漏、清洗焊口、固定等。

计量单位： 10m²

编号				7-2-78	7-2-79	7-2-80
项目				长边长 × 壁厚（mm）		
				≤ 320 × 2	≤ 630 × 2	≤ 2000 × 2
名称			单位	消耗量		
人工	000203000	综合二类工	工日	27.933	19.139	14.798
材料	014301003	铝板 δ2	m²	（10.800）	（10.800）	（10.800）
	031303015	铝焊丝 丝 301（综合）	kg	3.100	1.720	1.110
	031307001	铝焊粉	kg	3.830	2.110	1.370
	142907002	乙炔气	kg	8.461	4.652	3.009
	142909001	氧气	m³	23.690	13.030	8.430
	031541003	钢锯条	条	13.000	8.450	7.800
	140307001	煤油	kg	2.600	1.950	1.890
	143159001	氢氧化钠（烧碱）	kg	4.500	2.600	2.600
	143303001	酒精	kg	1.300	1.300	1.300
	031102005	铁砂布 0#～2#	张	19.500	13.000	11.700
	133301001	石油沥青油毡	m²	0.500	0.500	0.500
	022701003	棉纱头	kg	1.300	1.300	1.300
	040915001	白垩粉	kg	2.500	2.500	2.500
	850103006	其他材料费（占材料费）	%	1.000	1.000	1.000
机械	990732005	剪板机 6.3 × 2000mm	台班	0.846	0.680	0.500
	990737040	折方机 4 × 2000mm	台班	0.846	0.680	0.500

工作内容： 1. 制作：放样、下料、折方、制作管件、组对焊接、试漏、清洗焊口等。
2. 安装：配合预留孔洞、清理墙洞、找标高、风管就位、找平、找正、组对焊接、试漏、清洗焊口、固定等。

计量单位： 10m²

编号				7-2-81	7-2-82	7-2-83
项目				长边长 × 壁厚（mm）		
				≤ 320 × 3	≤ 630 × 3	≤ 2000 × 3
名称			单位	消耗量		
人工	000203000	综合二类工	工日	30.106	19.110	14.798
材料	014301005	铝板 δ3	m²	（10.800）	（10.800）	（10.800）
	031303015	铝焊丝 丝 301（综合）	kg	4.390	2.960	1.910
	031307001	铝焊粉	kg	4.530	3.050	1.980
	142907002	乙炔气	kg	9.970	6.678	4.309
	142909001	氧气	m³	27.920	18.700	12.070
	031541003	钢锯条	条	13.000	9.100	7.800
	140307001	煤油	kg	2.600	1.950	1.920
	143159001	氢氧化钠（烧碱）	kg	2.600	2.600	2.600
	143303001	酒精	kg	1.300	1.300	1.300
	031102005	铁砂布 0#～2#	张	19.500	13.000	12.350
	133301001	石油沥青油毡	m²	0.500	0.500	0.500
	022701003	棉纱头	kg	1.300	1.300	1.300
	040915001	白垩粉	kg	2.500	2.500	2.500
	850103006	其他材料费（占材料费）	%	1.000	1.000	1.000
机械	990732005	剪板机 6.3 × 2000mm	台班	0.900	0.810	0.420
	990737040	折方机 4 × 2000mm	台班	0.900	0.810	0.420

4. 矩形风管（氩弧焊）

工作内容： 1. 制作：放样、下料、折方、制作管件、组对焊接、试漏、清洗焊口等。
2. 安装：配合预留孔洞、清理墙洞、找标高、风管就位、找平、找正、组对焊接、试漏、清洗焊口、固定等。

计量单位： $10m^2$

编号				7-2-84	7-2-85	7-2-86
项目				长边长 × 壁厚（mm）		
				≤ 320 × 2	≤ 630 × 2	≤ 2000 × 2
名称			单位	消耗量		
人工	000203000	综合二类工	工日	31.037	19.139	14.798
材料	014301003	铝板 δ2	m^2	（10.800）	（10.800）	（10.800）
	031303016	铝锰合金焊丝 丝 321（综合）	kg	6.930	3.830	2.480
	031541003	钢锯条	条	13.000	8.450	7.800
	140307001	煤油	kg	2.600	1.950	1.890
	143159001	氢氧化钠（烧碱）	kg	4.500	2.600	2.600
	143303001	酒精	kg	1.300	1.300	1.300
	031102005	铁砂布 0#～2#	张	19.500	13.000	11.700
	022701003	棉纱头	kg	1.300	1.300	1.300
	142911001	氩气	m^3	19.404	10.724	6.944
	340101003	铈钨棒	g	38.808	21.448	13.888
	850103006	其他材料费（占材料费）	%	1.000	1.000	1.000
机械	990732005	剪板机 6.3 × 2000mm	台班	0.940	0.680	0.500
	990737040	折方机 4 × 2000mm	台班	0.940	0.680	0.500
	990912010	氩弧焊机 500A	台班	16.874	9.441	5.961

工作内容： 1. 制作：放样、下料、折方、制作管件、组对焊接、试漏、清洗焊口等。
2. 安装：配合预留孔洞、清理墙洞、找标高、风管就位、找平、找正、组对焊接、试漏、清洗焊口、固定等。

计量单位： 10m²

编　号				7-2-87	7-2-88	7-2-89
项　目				长边长 × 壁厚（mm）		
				≤ 320 × 3	≤ 630 × 3	≤ 2400 × 3
名　称			单位	消　耗　量		
人工	000203000	综合二类工	工日	30.106	19.110	14.798
材料	014301005	铝板 δ3	m^2	（10.800）	（10.800）	（10.800）
	031303016	铝锰合金焊丝 丝 321（综合）	kg	8.920	6.010	3.890
	031541003	钢锯条	条	13.000	9.100	7.800
	140307001	煤油	kg	2.600	1.950	1.920
	143159001	氢氧化钠（烧碱）	kg	2.600	2.600	2.600
	143303001	酒精	kg	1.300	1.300	1.300
	031102005	铁砂布 0#～2#	张	19.500	13.000	12.350
	022701003	棉纱头	kg	1.300	1.300	1.300
	142911001	氩气	m^3	24.976	16.828	10.892
	340101003	铈钨棒	g	49.952	33.656	21.784
	850103006	其他材料费（占材料费）	%	1.000	1.000	1.000
机械	990732005	剪板机 6.3 × 2000mm	台班	0.900	0.810	0.420
	990737040	折方机 4 × 2000mm	台班	0.900	0.810	0.420
	990912010	氩弧焊机 500A	台班	19.608	13.293	8.593

七、塑料风管制作、安装

1. 圆 形 风 管

工作内容： 1. 制作：放样、锯切、坡口、加热成型、制作法兰、管件、钻孔、组合焊接等。

2. 安装：配合预留孔洞、就位、制垫、加垫、法兰连接、找平、找正、固定等。 **计量单位：** 10m²

编号				7-2-90	7-2-91	7-2-92	7-2-93	7-2-94
项目				直径 × 壁厚（mm）				
				≤ 320 × 3	≤ 500 × 4	≤ 800 × 5	≤ 1250 × 6	≤ 2000 × 8
名称			单位	消耗量				
人工	000203000	综合二类工	工日	23.964	14.849	14.476	14.911	16.016
材料	021101009	硬聚氯乙烯板 δ3～8	m²	（11.600）	（11.600）	（11.600）	（11.600）	（11.600）
	021101005	软聚氯乙烯板 δ4	m²	0.570	0.450	0.380	0.380	0.370
	021101010	硬聚氯乙烯板 δ6	m²	0.610	0.070	0.460	—	—
	021101011	硬聚氯乙烯板 δ8	m²	0.350	0.750	0.060	0.450	0.410
	021101012	硬聚氯乙烯板 δ12	m²	—	—	0.640	0.630	0.610
	031301018	硬聚氯乙烯焊条 ϕ4	kg	5.010	4.060	5.190	5.330	5.890
	030105136	精制六角带帽螺栓 M8 × 75	套	115.000	80.000	—	—	—
	030105137	精制六角带帽螺栓 M10 × 75	10 套	—	—	5.200	5.000	4.200
	030113004	垫圈 M2～8	10 个	23.000	16.000	—	—	—
	030113005	垫圈 M10～20	10 个	—	—	10.400	10.000	8.400
	850103006	其他材料费（占材料费）	%	1.000	1.000	1.000	1.000	1.000
机械	990726010	台式钻床 16mm	台班	0.660	0.460	0.300	0.290	0.270
	990740020	坡口机 2.8kW	台班	0.420	0.290	0.320	0.330	0.360
	991003020	电动空气压缩机 0.6m³/min	台班	6.710	4.850	5.670	5.680	5.720
	990746010	弓锯床 250mm	台班	0.190	0.130	0.160	0.160	0.150
	991207010	箱式加热炉 45kW	台班	2.280	0.750	0.730	0.700	0.620

2. 矩形风管

工作内容： 1. 制作：放样、锯切、坡口、加热成型、制作法兰、管件、钻孔、组合焊接等。
2. 安装：配合预留孔洞、就位、制垫、加垫、法兰连接、找平、找正、固定等。**计量单位：** $10m^2$

			编号	7-2-95	7-2-96	7-2-97	7-2-98	7-2-99
项目				长边长 × 壁厚（mm）				
				≤ 320 × 3	≤ 500 × 4	≤ 800 × 5	≤ 1250 × 6	≤ 2000 × 8
名称			单位	消耗量				
人工	000203000	综合二类工	工日	17.896	17.047	16.151	15.911	14.282
材料	021101009	硬聚氯乙烯板 δ3～8	m^2	（11.600）	（11.600）	（11.600）	（11.600）	（11.600）
	021101005	软聚氯乙烯板 δ4	m^2	0.290	0.260	0.280	0.300	0.310
	021101010	硬聚氯乙烯板 δ6	m^2	0.040	0.820	—	—	—
	021101011	硬聚氯乙烯板 δ8	m^2	0.580	0.520	0.910	—	—
	021101012	硬聚氯乙烯板 δ12	m^2	—	—	0.570	1.460	—
	021101013	硬聚氯乙烯板 δ14	m^2	—	—	—	—	1.120
	031301018	硬聚氯乙烯焊条 ϕ4	kg	3.970	4.490	6.020	6.310	7.050
	030105136	精制六角带帽螺栓 M8 × 75	套	65.000	52.000	—	—	—
	030105137	精制六角带帽螺栓 M10 × 75	10 套	—	—	4.800	4.500	4.200
	030113005	垫圈 M10～20	10 个	13.000	10.400	9.600	9.000	8.400
	850103006	其他材料费（占材料费）	%	1.000	1.000	1.000	1.000	1.000
机械	990726010	台式钻床 16mm	台班	0.350	0.310	0.290	0.260	0.300
	990740020	坡口机 2.8kW	台班	0.310	0.380	0.390	0.390	0.410
	991003020	电动空气压缩机 $0.6m^3/min$	台班	6.050	6.600	7.120	6.460	6.430
	990746010	弓锯床 250mm	台班	0.150	0.200	0.210	0.220	0.210
	991207010	箱式加热炉 45kW	台班	0.210	0.090	0.070	0.060	0.060

八、玻璃钢风管安装

1. 圆 形 风 管

工作内容： 配合预留孔洞、找标高、打支架墙洞、吊托支架制作及埋设、风管配合修补、粘接、组装就位、找平、找正、制垫、加垫、上螺栓、紧固等。 **计量单位：** 10m²

编号				7-2-100	7-2-101	7-2-102	7-2-103
项目				直径（mm）			
				≤200	≤500	≤800	≤2000
		名称	单位	消耗量			
人工	000203000	综合二类工	工日	5.852	3.056	2.513	2.895
材料	224507002	玻璃钢风管 1.5～4	m²	（10.320）	（10.320）	（10.320）	（10.320）
	012101008	角钢 60	kg	8.620	12.640	14.020	14.850
	011301001	扁钢 59 以内	kg	4.130	1.420	0.860	3.710
	010901006	圆钢 ϕ6～8	kg	2.930	1.900	0.750	0.120
	010901008	圆钢 ϕ10～14	kg	—	—	1.210	4.900
	031301009	低碳钢焊条 J427（综合）	kg	0.170	0.140	0.060	0.040
	020101002	橡胶板 δ1～3	kg	1.400	1.240	0.970	0.920
	030105136	精制六角带帽螺栓 M8×75	套	93.500	78.900	—	—
	030105137	精制六角带帽螺栓 M10×75	10套	—	—	5.670	4.290
	030113005	垫圈 M10～20	10个	19.700	15.780	11.340	8.580
	142909001	氧气	m³	0.087	0.117	0.123	0.177
	142907002	乙炔气	kg	0.033	0.045	0.047	0.068
	850103006	其他材料费（占材料费）	%	1.000	1.000	1.000	1.000
机械	990901010	交流弧焊机 21kV·A	台班	0.064	0.052	0.020	0.010
	990726010	台式钻床 16mm	台班	0.280	0.240	0.170	0.140
	990757010	法兰卷圆机 L40×4	台班	0.500	0.130	0.070	0.020

2. 矩 形 风 管

工作内容： 配合预留孔洞、找标高、打支架墙洞、吊托支架制作及埋设、风管配合修补、粘接、组装就位、找平、找正、制垫、加垫、上螺栓、紧固等。 **计量单位：** 10m²

编　　号				7-2-104	7-2-105	7-2-106	7-2-107
项　　目				长边长（mm）			
				≤200	≤500	≤800	≤2000
名　　称			单位	消　耗　量			
人工	000203000	综合二类工	工日	3.779	2.253	1.697	2.055
材料	224507002	玻璃钢风管 1.5～4	m^2	（10.320）	（10.320）	（10.320）	（10.320）
	012101008	角钢 60	kg	16.170	14.260	14.080	18.160
	011301001	扁钢 59 以内	kg	0.860	0.530	0.450	0.410
	010901006	圆钢 ϕ6～8	kg	1.350	1.930	1.490	0.080
	010901008	圆钢 ϕ10～14	kg	—	—	—	1.850
	031301009	低碳钢焊条 J427（综合）	kg	0.900	0.420	0.180	0.140
	020101002	橡胶板 δ1～3	kg	1.840	1.300	0.920	0.810
	030105136	精制六角带帽螺栓 M8×75	套	185.900	99.600	—	—
	030105137	精制六角带帽螺栓 M10×75	10 套	—	—	4.730	3.690
	030113005	垫圈 M10～20	10 个	19.180	19.920	9.460	7.380
	142909001	氧气	m^3	0.138	0.123	0.117	0.153
	142907002	乙炔气	kg	0.053	0.047	0.045	0.059
	850103006	其他材料费（占材料费）	%	1.000	1.000	1.000	1.000
机械	990901010	交流弧焊机 21kV·A	台班	0.200	0.090	0.040	0.030
	990726010	台式钻床 16mm	台班	0.460	0.240	0.150	0.120

九、复合型酚醛风管制作、安装

1. 法兰圆形风管

工作内容：1. 制作：放样、切割、开槽、成型、制作管体、钻孔、组合等。
2. 安装：配合预留孔洞、找标高、打支架墙洞、埋设吊托支架、组装、风管就位、制垫、加垫、固定等。

计量单位：10m²

编号				7-2-108	7-2-109	7-2-110	7-2-111
项目				直径（mm）			
				≤ 300	≤ 630	≤ 1000	≤ 2000
名称			单位	消耗量			
人工	000203000	综合二类工	工日	5.964	3.676	3.554	2.982
材料	051707002	复合型板材	m²	（11.600）	（11.600）	（11.600）	（11.600）
	144303012	热敏铝箔胶带 64	m	（35.120）	（20.360）	（13.530）	（8.490）
	011301001	扁钢 59 以内	kg	6.640	5.770	5.780	4.440
	010901006	圆钢 ϕ6～8	kg	4.880	5.150	5.380	7.090
	030107018	膨胀螺栓 M12	套	4.000	3.500	3.000	2.500
	030105136	精制六角带帽螺栓 M8 × 75	套	115.000	80.000	—	—
	030105137	精制六角带帽螺栓 M10 × 75	10 套	—	—	5.200	4.200
	030113005	垫圈 M10～20	10 个	23.000	16.000	10.400	8.400
	850103006	其他材料费（占材料费）	%	1.000	1.000	1.000	1.000
机械	990796020	开槽机	台班	0.180	0.120	0.130	0.150
	990779010	封口机	台班	0.280	0.200	0.130	0.120

2. 法兰矩形风管

工作内容：1. 制作：放样、切割、开槽、成型、制作管体、钻孔、组合等。
2. 安装：配合预留孔洞、找标高、打支架墙洞、埋设吊托支架、组装、风管就位、制垫、加垫、固定等。

计量单位：10m²

编号				7-2-112	7-2-113	7-2-114	7-2-115
项目				长边长（mm）			
				≤ 300	≤ 630	≤ 1000	> 1000
名称			单位	消耗量			
人工	000203000	综合二类工	工日	4.249	4.003	3.963	3.554
材料	051707002	复合型板材	m²	（11.800）	（11.800）	（11.800）	（11.800）
	144303012	热敏铝箔胶带 64	m	（21.230）	（18.040）	（18.520）	（10.270）
	012907008	镀锌薄钢板 δ1～1.5	kg	0.710	1.260	1.260	1.650
	012101008	角钢 60	kg	11.870	4.730	4.980	4.400

续前

编　　号				7-2-112	7-2-113	7-2-114	7-2-115
项　　目				长边长（mm）			
				≤ 300	≤ 630	≤ 1000	> 1000
	名　　称		单位	消　耗　量			
材料	010901006	圆钢 ϕ6～8	kg	6.120	7.300	8.000	7.900
	030107018	膨胀螺栓 M12	套	7.000	6.000	5.000	4.000
	030105136	精制六角带帽螺栓 M8 × 75	套	52.000	—	—	—
	030105137	精制六角带帽螺栓 M10 × 75	10 套	—	4.800	4.500	4.200
	030113005	垫圈 M10～20	10 个	10.400	9.600	9.000	8.400
	030103038	自攻螺钉 ST4 × 12	10 个	4.000	4.000	5.000	5.000
	850103006	其他材料费（占材料费）	%	1.000	1.000	1.000	1.000
机械	990796020	开槽机	台班	0.160	0.160	0.160	0.180
	990779010	封口机	台班	0.130	0.120	0.110	0.130

十、复合型玻纤、玻镁风管制作、安装

1. 法兰圆形风管

工作内容： 1. 制作：放样、切割、开槽、成型、制作管体、钻孔、组合等。
2. 安装：配合预留孔洞、找标高、打支架墙洞、埋设吊托支架、组装、风管就位、制垫、加垫、固定等。

计量单位： $10m^2$

编　　号				7-2-116	7-2-117	7-2-118	7-2-119
项　　目				直径（mm）			
				≤ 300	≤ 630	≤ 1000	≤ 2000
	名　　称		单位	消　耗　量			
人工	000203000	综合二类工	工日	7.000	4.315	4.171	3.502
材料	051707002	复合型板材	m^2	（12.000）	（12.000）	（12.000）	（12.000）
	011301001	扁钢 59 以内	kg	6.640	5.770	5.780	4.440
	010901006	圆钢 ϕ6～8	kg	4.880	5.150	5.380	7.090
	030107018	膨胀螺栓 M12	套	4.000	3.500	3.000	2.500
	030105136	精制六角带帽螺栓 M8 × 75	套	115.000	80.000	—	—
	030105137	精制六角带帽螺栓 M10 × 75	10 套	—	—	5.200	4.200
	030113005	垫圈 M10～20	10 个	23.000	16.000	10.400	8.400
	144135007	玻纤风管专用胶粘剂	kg	1.928	1.928	1.928	1.928
	092701002	玻璃纤维布 δ0.2	m^2	3.760	2.180	1.450	0.910
	850103006	其他材料费（占材料费）	%	1.000	1.000	1.000	1.000
机械	990796020	开槽机	台班	0.180	0.120	0.130	0.150

2. 法兰矩形风管

工作内容： 1. 制作：放样、切割、开槽、成型、制作管体、钻孔、组合等。
2. 安装：配合预留孔洞、找标高、打支架墙洞、埋设吊托支架、组装、风管就位、制垫、加垫、固定等。

计量单位： $10m^2$

编号				7-2-120	7-2-121	7-2-122	7-2-123
项目				长边长（mm）			
				≤ 300	≤ 630	≤ 1000	＞1000
名称			单位	消耗量			
人工	000203000	综合二类工	工日	4.988	4.700	4.651	4.171
材料	051707002	复合型板材	m^2	（12.200）	（12.200）	（12.200）	（12.200）
	012907008	镀锌薄钢板 δ1～1.5	kg	0.710	1.260	1.260	1.650
	012101008	角钢 60	kg	11.870	4.730	4.980	4.400
	010901006	圆钢 ϕ6～8	kg	6.120	7.300	8.000	7.900
	030107018	膨胀螺栓 M12	套	7.000	6.000	5.000	4.000
	030105136	精制六角带帽螺栓 M8×75	套	52.000	—	—	—
	030105137	精制六角带帽螺栓 M10×75	10 套	—	4.800	4.500	4.200
	030113005	垫圈 M10～20	10 个	10.400	9.600	9.000	8.400
	030103038	自攻螺钉 ST4×12	10 个	4.000	4.000	5.000	5.000
	144135007	玻纤风管专用胶粘剂	kg	2.950	2.950	2.950	2.950
	092701002	玻璃纤维布 δ0.2	m^2	8.500	7.220	7.410	5.870
	133503016	密封胶 KS 型	kg	—	—	—	0.010
	255901004	镀锌圆钢吊杆 带 4 个螺母 4 个垫圈 ϕ8	根	—	—	—	1.070
	182919006	橡塑保温套管 D10	m	—	—	—	1.100
	850103006	其他材料费（占材料费）	%	1.000	1.000	1.000	1.000
机械	990796020	开槽机	台班	0.160	0.160	0.160	0.180

十一、柔性软风管安装

1. 无保温套管

工作内容：就位、加垫、连接、找平、找正、固定等。　　**计量单位：**m

编号				7-2-124	7-2-125	7-2-126	7-2-127	7-2-128
项目				直径（mm）				
				≤150	≤250	≤500	≤710	≤910
名称			单位	消耗量				
人工	000203000	综合二类工	工日	0.020	0.027	0.034	0.048	0.062
材料	224509002	柔性软风管	m	（1.000）	（1.000）	（1.000）	（1.000）	（1.000）
	350205003	不锈钢U型卡 3mm	个	1.333	1.333	1.333	1.333	1.333

2. 有保温套管

工作内容：就位、加垫、连接、找平、找正、固定等。　　**计量单位：**m

编号				7-2-129	7-2-130	7-2-131	7-2-132	7-2-133
项目				直径（mm）				
				≤150	≤250	≤500	≤710	≤910
名称			单位	消耗量				
人工	000203000	综合二类工	工日	0.027	0.034	0.048	0.062	0.083
材料	224509002	柔性软风管	m	（1.000）	（1.000）	（1.000）	（1.000）	（1.000）
	350205003	不锈钢U型卡 3mm	个	1.333	1.333	1.333	1.333	1.333

十二、弯头导流叶片及其他

工作内容：1. 制作：放样、下料、剪切、成型等。
2. 安装：法兰制作、找标高、找平、找正、制垫、加垫、螺栓固定等。　　**计量单位：**见表

编号				7-2-134	7-2-135	7-2-136	7-2-137
项目				弯头导流叶片	软管接口	风管检查孔	温度、风量测定孔
单位				m^2		100kg	个
名称			单位	消耗量			
人工	000203000	综合二类工	工日	0.951	0.718	12.611	0.367

续前

		编　号		7-2-134	7-2-135	7-2-136	7-2-137
		项　目		弯头导流叶片	软管接口	风管检查孔	温度、风量测定孔
		单位		m^2		100kg	个
	名　称		单位	消　耗　量			
材料	171915002	软管	m^2	—	（1.150）	—	—
	012907017	镀锌薄钢板 δ0.75	m^2	1.140	—	—	—
	012901006	热轧薄钢板 δ1.0～1.5	kg	—	—	76.360	—
	012901010	热轧薄钢板 δ2.0～2.5	kg	—	—	—	0.180
	012101008	角钢 60	kg	—	18.330	—	—
	011301001	扁钢 59 以内	kg	—	8.320	31.760	—
	010901006	圆钢 ϕ6～8	kg	—	—	1.410	—
	031301009	低碳钢焊条 J427（综合）	kg	—	0.060	4.140	0.110
	030105142	精制六角带帽螺栓 M2～5×4～20	10 套	—	—	—	0.424
	030105136	精制六角带帽螺栓 M8×75	套	—	26.000	—	—
	030109028	六角螺母 M6～10	10 个	—	—	12.120	—
	030113010	弹簧垫圈 M2～10	10 个	—	—	12.120	0.424
	030113005	垫圈 M10～20	10 个	—	5.200	—	—
	020101002	橡胶板 δ1～3	kg	—	0.970	—	—
	030101004	铁铆钉	kg	0.150	0.070	1.430	—
	030305008	酚醛塑料把手 BX32	个	—	—	120.040	—
	021917002	闭孔乳胶海棉 δ20	m^2	—	—	5.070	—
	030117005	圆锥销 3×18	10 个	—	—	4.040	—
	181307006	镀锌丝堵 *DN*50	个	—	—	—	1.000
	182519030	熟铁管箍 *DN*50	个	—	—	—	1.000
	850103006	其他材料费（占材料费）	%	1.000	1.000	1.000	1.000
机械	990901010	交流弧焊机 21kV·A	台班	—	0.018	0.690	0.010
	990726010	台式钻床 16mm	台班	—	0.144	1.730	0.030
	990718010	普通车床 400×1000mm	台班	—	—	1.500	0.050

十三、补 充 项 目

1. 风管外防火板保护层制作、安装

工作内容： 1. 制作：放样、切割、开槽、成型、制作、钻孔、组合。
2. 安装：找标高、打支架墙洞、配合预留孔洞、吊托支架制作及埋设、组装、就位、制垫、加垫、连接、找正、找平、固定。

计量单位： 10m^2

编　号				7-2-138	7-2-139	7-2-140	7-2-141
项　目				保护层周长（mm）			
				≤ 800	≤ 2000	≤ 4000	≤ 6000
名　称			单位	消　耗　量			
人工	000203000	综合二类工	工日	5.410	3.224	3.224	2.937
材料	224511002	防火板	m^2	（10.320）	（10.320）	（10.320）	（10.320）
	010901006	圆钢 ϕ6～8	kg	5.420	6.120	4.300	7.900
	012300001	型钢（综合）	kg	18.380	16.730	16.020	18.650
	100101007	镀锌轻钢龙骨 40×40×0.4	m	105.000	42.000	21.000	17.000
	031301011	电焊条（综合）	kg	0.420	0.420	0.180	0.900
	030107038	膨胀螺栓 M10×80	套	2.000	2.000	1.500	2.000
	030105137	精制六角带帽螺栓 M10×75	10 套	185.900	99.600	47.300	36.900
	150105005	石棉编绳 ϕ6～10	kg	0.340	0.240	0.170	0.140
	130501010	专用防火胶 300mL	支	4.000	1.600	0.800	0.640
	142909001	氧气	m^3	0.380	0.340	0.320	0.420
	142907001	乙炔气	m^3	0.130	0.110	11.000	0.140
	850103006	其他材料费（占材料费）	%	1.000	1.000	1.000	1.000
机械	990901010	交流弧焊机 21kV·A	台班	0.050	0.070	0.100	0.150

2. 挡烟垂壁安装

工作内容：放线定位、就位安装、固定。 **计量单位：**m^2

编号				7-2-142
项目				挡烟垂壁
名称			单位	消耗量
人工	000203000	综合二类工	工日	0.325
材料	112513001	挡烟垂壁	m^2	（1.000）
	133501008	密封油膏	kg	0.888
	030103047	镀锌自攻螺钉 ST5×16	个	5.050
	031599024	连接固定件	kg	0.431
	850103006	其他材料费（占材料费）	%	1.000
机械	991299010	其他机械费	元	0.900

第三章

通风空调部件制作、安装

说 明

一、本章内容包括碳钢调节阀安装，组合式风阀安装，余压阀安装，柔性软风管阀门安装，铝合金风口安装，塑料散流器安装，塑料空气分布器安装，铝制孔板风口安装，碳钢风帽制作、安装，塑料风帽、伸缩节制作、安装，铝板风帽、法兰制作、安装，玻璃钢风帽安装，碳钢罩类制作、安装，塑料风罩制作、安装，消声器安装，消声静压箱安装，静压箱制作、安装，不锈钢法兰、吊托支架制作、安装，设备支架制作、安装，抗震支架安装，过滤器、框架制作、安装。

二、铝合金百叶风口安装项目适用于各种类型百叶风口。风口的宽与长之比 ≤0.125 为条缝形风口，执行百叶风口安装项目，人工乘以系数 1.10。

三、相关说明：

1. 密闭式对开多叶调节阀与手动式对开多叶调节阀的安装，应执行同一相应安装项目。

2. 蝶阀安装项目适用于圆形保温蝶阀，方、矩形保温蝶阀，圆形蝶阀，方、矩形蝶阀，风管止回阀安装项目适用于圆形风管止回阀，方形风管止回阀。

3. 铝合金或其他材料制作的调节阀安装，应执行本章碳钢调节阀安装项目。

4. 铝合金散流器安装项目适用于圆形直片散流器、方形直片散流器、流线形散流器。

5. 铝合金送吸风口安装项目适用于单面送吸风口、双面送吸风口。

6. 球形喷口（风口）安装，应执行旋转吹风口项目。

7. 不锈钢风口、碳钢风口安装，应执行铝合金风口安装项目，人工乘以系数 1.10。

8. 铝制孔板风口如需电化处理时，电化费另行计算。

9. 其他材质和形式的排气罩制作、安装，可执行本章中相近的项目。

10. 管式消声器安装适用于各类管式消声器。

11. 静压箱、排烟风口、风阀安装中未包括吊托支架，其制作、安装，应执行本章设备支架制作、安装相应项目。

12. 当风阀、风口、消声器等附件的实际周长超过所列项目的周长时，应执行最大周长的安装项目，但其中人工费、材料费、机械费应乘以实际周长与最大安装项目周长之比的系数。

13. 低效过滤器包括：M-A 型、WL 型、LWP 型等系列。

14. 中效过滤器包括：ZKL 型、YB 型、M 型、ZX-1 型等系列。

15. 高效过滤器包括：GB 型、GS 型、JX-20 型等系列。

工程量计算规则

一、碳钢调节阀安装依据其类型、直径（圆形）或周长（方形），按设计图示数量，分别以“个”为计量单位。

二、柔性软风管阀门安装依据其直径，按设计图示数量，分别以“个”为计量单位。

三、铝合金各种风口、散流器的安装依据类型、规格尺寸，按设计图示数量，分别以“个”为计量单位。

四、铝合金百叶窗及活动金属百叶风口安装依据规格尺寸，按设计图示数量，分别以“个”为计量单位。

五、塑料通风管道柔性接口及伸缩节制作安装应依连接方式，按设计图示尺寸，分别以“m^2”为计量单位。

六、塑料通风管道分布器、散流器的安装依据其类型、规格尺寸，按设计图示数量，分别以“个”为计量单位。

七、塑料通风管道风帽、罩类的制作安装，均按其重量分别以“100kg”为计量单位；非标准罩类制作安装，按成品重量分别以“100kg”为计量单位。罩类为成品安装时制作不再计算。

八、铝板圆伞形风帽、铝板风管圆、矩形法兰制作安装，按设计图示尺寸，分别以“100kg”为计量单位。

九、碳钢风帽的制作、安装，均按其重量分别以“100kg”为计量单位；非标准风帽制作、安装，按成品重量分别以“100kg”为计量单位。风帽为成品安装时制作不再计算。

十、碳钢风帽筝绳制作、安装，按设计图示规格长度，分别以“100kg”为计量单位。

十一、碳钢风帽泛水制作、安装，按设计图示尺寸，分别以“m^2”为计量单位。

十二、碳钢风帽滴水盘制作、安装，按设计图示尺寸，分别以“100kg”为计量单位。

十三、玻璃钢风帽安装，依据其类型按成品重量，分别以“100kg”为计量单位。

十四、罩类的制作、安装，均按其重量分别以“100kg”为计量单位；非标准罩类制作、安装，按成品重量分别以“100kg”为计量单位。罩类为成品安装时制作不再计算。

十五、微穿孔板消声器、管式消声器、阻抗式消声器成品安装，按设计图示数量，分别以“个”为计量单位。

十六、消声弯头安装，按设计图示数量，分别以“个”为计量单位。

十七、片式消声器安装，依据其周长按设计图示数量，分别以“套”为计量单位。

十八、组合式风阀安装，依据其类型、周长按设计图示数量，分别以“组”为计量单位。

十九、消声静压箱安装，依据其展开面积，按设计图示数量，分别以“个”为计量单位。

二十、静压箱制作、安装，依据其展开面积，按设计图示尺寸，分别以“$10m^2$”为计量单位。

二十一、不锈钢板风管圆形法兰制作、安装，按设计图示尺寸，分别以“100kg”为计量单位。

二十二、不锈钢板风管吊托支架制作、安装，按设计图示尺寸，分别以“100kg”为计量单位。

二十三、设备支架制作、安装应区分设备支架的不同重量，按设计图示尺寸，分别以“100kg”为计量单位。

二十四、抗震支架安装依据类型，按设计图示数量，分别以“副”为计量单位。

二十五、高、中、低效过滤器安装，按设计图示数量，分别以“台”为计量单位。

二十六、过滤器框架制作，按设计图示尺寸，分别以“100kg”为计量单位。

一、碳钢调节阀安装

1. 空气加热器上通阀、旁通阀

工作内容：号孔、钻孔、对口、校正、制垫、加垫、上螺栓、紧固、试动等。　　**计量单位：**个

编　号				7-3-1	7-3-2
项　目				空气加热器上通阀	空气加热器旁通阀
名　称			单位	消　耗　量	
人工	000203000	综合二类工	工日	0.727	0.478
材料	193509002	空气加热器上通阀	个	（1.000）	—
	193509001	空气加热器旁通阀	个	—	（1.000）
	011301004	扁钢 60 以外	kg	1.060	—
	031301009	低碳钢焊条 J427（综合）	kg	0.230	—
	030105136	精制六角带帽螺栓 M8×75	套	—	12.000
	030105138	精制六角带帽螺栓 M10×260	10 套	0.600	—
	030113005	垫圈 M10～20	10 个	1.200	2.400
	850103006	其他材料费（占材料费）	%	1.000	1.000
机械	990901010	交流弧焊机 21kV · A	台班	0.020	—
	990726010	台式钻床 16mm	台班	0.010	0.010

2. 圆形瓣式启动阀

工作内容：号孔、钻孔、对口、校正、制垫、加垫、上螺栓、紧固、试动等。　　**计量单位：**个

编　号				7-3-3	7-3-4	7-3-5	7-3-6
项　目				直径（mm）			
				≤ 600	≤ 800	≤ 1000	≤ 1300
名　称			单位	消　耗　量			
人工	000203000	综合二类工	工日	0.650	0.815	1.001	1.331
材料	225313002	圆形瓣式启动阀	个	（1.000）	（1.000）	（1.000）	（1.000）
	020101002	橡胶板 δ1～3	kg	0.220	0.270	0.380	0.540
	030105136	精制六角带帽螺栓 M8×75	套	26.000	—	—	—
	030105137	精制六角带帽螺栓 M10×75	10 套	—	3.400	—	—
	030105139	精制六角带帽螺栓 M12×75	10 套	—	—	4.400	5.800
	030113005	垫圈 M10～20	10 个	5.200	6.800	8.800	11.600
	850103006	其他材料费（占材料费）	%	1.000	1.000	1.000	1.000
机械	990727020	立式钻床 35mm	台班	—	—	0.170	0.250
	990726010	台式钻床 16mm	台班	0.030	0.030	—	—

3. 风 管 蝶 阀

工作内容： 号孔、钻孔、对口、校正、制垫、加垫、上螺栓、紧固、试动等。 **计量单位：** 个

编号				7-3-7	7-3-8	7-3-9	7-3-10	7-3-11
项目				周长（mm）				
				≤800	≤1600	≤2400	≤3200	≤4000
名称			单位	消耗量				
人工	000203000	综合二类工	工日	0.134	0.191	0.331	0.446	0.611
材料	190700002	蝶阀	个	（1.000）	（1.000）	（1.000）	（1.000）	（1.000）
	020101002	橡胶板 δ1～3	kg	0.110	0.220	0.320	0.490	0.590
	030105134	精制六角带帽螺栓 M6×75	套	12.000	24.000	—	—	—
	030105136	精制六角带帽螺栓 M8×75	套	—	—	34.000	46.000	58.000
	030113005	垫圈 M10～20	10个	2.400	4.800	6.800	9.200	11.600
	850103006	其他材料费（占材料费）	%	1.000	1.000	1.000	1.000	1.000
机械	990727020	立式钻床 35mm	台班	—	0.250	0.380	0.500	0.700
	990726010	台式钻床 16mm	台班	0.030	—	—	—	—

4. 圆、方形风管止回阀

工作内容： 号孔、钻孔、对口、校正、制垫、加垫、上螺栓、紧固、试动等。 **计量单位：** 个

编号				7-3-12	7-3-13	7-3-14	7-3-15
项目				周长（mm）			
				≤800	≤1200	≤2000	≤3200
名称			单位	消耗量			
人工	000203000	综合二类工	工日	0.159	0.178	0.273	0.318
材料	225303002	风管止回阀	个	（1.000）	（1.000）	（1.000）	（1.000）
	020101002	橡胶板 δ1～3	kg	0.110	0.160	0.270	0.490
	030105134	精制六角带帽螺栓 M6×75	套	12.000	18.000	—	—
	030105136	精制六角带帽螺栓 M8×75	套	—	—	28.000	46.000
	030113005	垫圈 M10～20	10个	2.400	3.600	5.600	9.200
	850103006	其他材料费（占材料费）	%	1.000	1.000	1.000	1.000
机械	990727020	立式钻床 35mm	台班	0.250	0.250	0.380	0.500

5. 密闭式斜插板阀

工作内容：号孔、钻孔、对口、校正、制垫、加垫、上螺栓、紧固、试动等。　　计量单位：个

编号				7-3-16	7-3-17	7-3-18
项目				直径（mm）		
				≤140	≤280	≤340
名称			单位	消耗量		
人工	000203000	综合二类工	工日	0.134	0.152	0.178
材料	225308002	密闭式斜插板阀	个	（1.000）	（1.000）	（1.000）
	020101002	橡胶板 δ1～3	kg	0.050	0.110	0.160
	030105134	精制六角带帽螺栓 M6×75	套	6.000	12.000	16.000
	030113005	垫圈 M10～20	10个	1.200	2.400	3.200
	850103006	其他材料费（占材料费）	%	1.000	1.000	1.000
机械	990726010	台式钻床 16mm	台班	0.012	0.018	0.024

6. 对开多叶调节阀

工作内容：号孔、钻孔、对口、校正、制垫、加垫、上螺栓、紧固、试动等。　　计量单位：个

编号				7-3-19	7-3-20	7-3-21	7-3-22	7-3-23	7-3-24
项目				周长（mm）					
				≤2800	≤4000	≤5200	≤6500	≤8000	≤10000
名称			单位	消耗量					
人工	000203000	综合二类工	工日	0.286	0.318	0.382	0.459	0.550	0.660
材料	225307002	对开多叶调节阀	个	（1.000）	（1.000）	（1.000）	（1.000）	（1.000）	（1.000）
	020101002	橡胶板 δ1～3	kg	0.320	0.430	0.650	0.810	1.000	1.250
	030105136	精制六角带帽螺栓 M8×75	套	40.000	58.000	74.000	92.000	114.000	143.000
	030113005	垫圈 M10～20	10个	8.000	11.600	14.800	18.400	22.800	28.600
	850103006	其他材料费（占材料费）	%	1.000	1.000	1.000	1.000	1.000	1.000
机械	990727020	立式钻床 35mm	台班	0.380	0.500	0.700	0.896	1.154	1.471

7. 风管防火阀

工作内容：号孔、钻孔、对口、校正、制垫、加垫、上螺栓、紧固、试动等。 计量单位：个

编号				7-3-25	7-3-26	7-3-27	7-3-28
项目				周长（mm）			
				≤2200	≤3600	≤5400	≤8000
名称			单位	消耗量			
人工	000203000	综合二类工	工日	0.562	0.914	1.256	1.859
材料	225301002	风管防火阀	个	（1.000）	（1.000）	（1.000）	（1.000）
	020101002	橡胶板 δ1～3	kg	0.270	0.430	0.650	0.970
	030105136	精制六角带帽螺栓 M8×75	套	32.000	52.000	76.000	114.000
	030113005	垫圈 M10～20	10个	6.400	10.400	15.200	22.800
	850103006	其他材料费（占材料费）	%	1.000	1.000	1.000	1.000
机械	990727020	立式钻床 35mm	台班	0.380	0.500	0.700	1.036

二、柔性软风管阀门安装

工作内容：号孔、钻孔、对口、校正、制垫、加垫、上螺栓、紧固等。 计量单位：个

编号				7-3-29	7-3-30	7-3-31	7-3-32	7-3-33
项目				直径（mm）				
				≤150	≤250	≤500	≤710	≤910
名称			单位	消耗量				
人工	000203000	综合二类工	工日	0.027	0.034	0.055	0.069	0.095
材料	225311002	柔性软风管阀门	个	（1.000）	（1.000）	（1.000）	（1.000）	（1.000）

三、铝合金风口安装

1. 百 叶 风 口

工作内容：对口、上螺栓、制垫、加垫、找正、找平、固定、试动、调整等。 **计量单位**：个

编号				7-3-34	7-3-35	7-3-36	7-3-37
项目				周长（mm）			
				≤ 900	≤ 1280	≤ 1800	≤ 2500
名称			单位	消耗量			
人工	000203000	综合二类工	工日	0.126	0.160	0.315	0.365
材料	224101002	百叶风口	个	（1.000）	（1.000）	（1.000）	（1.000）
	011301001	扁钢 59 以内	kg	0.610	0.800	1.130	1.570
	030105142	精制六角带帽螺栓 M2～5×4～20	10 套	1.260	1.600	2.250	3.150
	030113004	垫圈 M2～8	10 个	2.520	3.200	4.500	6.300
	850103006	其他材料费（占材料费）	%	1.000	1.000	1.000	1.000
机械	990726010	台式钻床 16mm	台班	0.030	0.030	0.030	0.030

工作内容：对口、上螺栓、制垫、加垫、找正、找平、固定、试动、调整等。 **计量单位**：个

编号				7-3-38	7-3-39	7-3-40	7-3-41
项目				周长（mm）			
				≤ 3300	≤ 4800	≤ 6000	≤ 7000
名称			单位	消耗量			
人工	000203000	综合二类工	工日	0.412	0.536	0.691	0.819
材料	224101002	百叶风口	个	（1.000）	（1.000）	（1.000）	（1.000）
	011301001	扁钢 59 以内	kg	2.070	2.790	3.480	4.070
	030105142	精制六角带帽螺栓 M2～5×4～20	10 套	4.150	6.000	7.500	8.750
	030113004	垫圈 M2～8	10 个	8.300	12.000	15.000	17.500
	850103006	其他材料费（占材料费）	%	1.000	1.000	1.000	1.000
机械	990726010	台式钻床 16mm	台班	0.030	0.030	0.030	0.040

2. 矩形送风口

工作内容：对口、上螺栓、制垫、加垫、找正、找平、固定、试动、调整等。 **计量单位：**个

编号				7-3-42	7-3-43	7-3-44
项目				周长（mm）		
				≤400	≤600	≤800
名称			单位	消耗量		
人工	000203000	综合二类工	工日	0.104	0.131	0.166
材料	224113003	矩形送风口	个	（1.000）	（1.000）	（1.000）
	011301001	扁钢 59 以内	kg	0.120	0.180	0.220
	030109036	铜蝶形螺母 M8	10 个	0.400	0.400	0.400
	030105136	精制六角带帽螺栓 M8×75	套	4.000	4.000	4.000
	030113004	垫圈 M2～8	10 个	0.400	0.400	0.400
	850103006	其他材料费（占材料费）	%	1.000	1.000	1.000

3. 矩形空气分布器

工作内容：对口、上螺栓、制垫、加垫、找正、找平、固定、试动、调整等。 **计量单位：**个

编号				7-3-45	7-3-46	7-3-47
项目				周长（mm）		
				≤1200	≤1500	≤2100
名称			单位	消耗量		
人工	000203000	综合二类工	工日	0.366	0.430	0.512
材料	226112002	矩形空气分布器	个	（1.000）	（1.000）	（1.000）
	020101002	橡胶板 δ1～3	kg	0.160	0.220	0.270
	030105134	精制六角带帽螺栓 M6×75	套	10.000	12.000	17.000
	030113004	垫圈 M2～8	10 个	2.000	2.400	3.400
	850103006	其他材料费（占材料费）	%	1.000	1.000	1.000

4. 旋转吹风口

工作内容：对口、上螺栓、制垫、加垫、找正、找平、固定、试动、调整等。 **计量单位：**个

编号				7-3-48	7-3-49
项目				直径（mm）	
				≤320	≤450
名称			单位	消耗量	
人工	000203000	综合二类工	工日	0.326	0.541
材料	224151002	旋转吹风口	个	（1.000）	（1.000）
	020112007	无石棉橡胶板 高压 δ1～6	kg	0.760	1.210
	030109028	六角螺母 M6～10	10个	0.600	0.600
	030105136	精制六角带帽螺栓 M8×75	套	6.000	6.000
	030113004	垫圈 M2～8	10个	1.200	1.200
	850103006	其他材料费（占材料费）	%	1.000	1.000

5. 方形散流器

工作内容：对口、上螺栓、制垫、加垫、找正、找平、固定、试动、调整等。 **计量单位：**个

编号				7-3-50	7-3-51	7-3-52
项目				周长（mm）		
				≤500	≤1000	≤2000
名称			单位	消耗量		
人工	000203000	综合二类工	工日	0.139	0.173	0.250
材料	224300001	散流器	个	（1.000）	（1.000）	（1.000）
	020101002	橡胶板 δ1～3	kg	0.050	0.160	0.270
	030105134	精制六角带帽螺栓 M6×75	套	4.000	8.000	16.000
	030113004	垫圈 M2～8	10个	0.800	1.600	3.200
	850103006	其他材料费（占材料费）	%	1.000	1.000	1.000

6. 圆形、流线形散流器

工作内容：对口、上螺栓、制垫、加垫、找正、找平、固定、试动、调整等。 **计量单位：**个

编号				7-3-53	7-3-54	7-3-55
项目				直径（mm）		
				≤200	≤360	≤500
名称			单位	消耗量		
人工	000203000	综合二类工	工日	0.125	0.235	0.304
材料	224300001	散流器	个	（1.000）	（1.000）	（1.000）
	020101002	橡胶板 δ1～3	kg	0.050	0.050	0.110
	030105134	精制六角带帽螺栓 M6×75	套	3.000	4.000	4.000
	030113004	垫圈 M2～8	10个	0.600	0.800	0.800
	850103006	其他材料费（占材料费）	%	1.000	1.000	1.000

7. 带调节阀（过滤器）百叶风口

工作内容：对口、上螺栓、制垫、加垫、找正、找平、固定、试动、调整等。 **计量单位：**个

编号				7-3-56	7-3-57	7-3-58	7-3-59	7-3-60	7-3-61
项目				周长（mm）					
				≤800	≤1200	≤1800	≤2400	≤3200	≤4000
名称			单位	消耗量					
人工	000203000	综合二类工	工日	0.218	0.258	0.395	0.526	0.707	0.790
材料	224101004	带调节阀（过滤器）百叶风口	个	（1.000）	（1.000）	（1.000）	（1.000）	（1.000）	（1.000）
	012105004	镀锌角钢 60以内	kg	1.790	2.150	3.220	4.300	5.730	7.160
	020101002	橡胶板 δ1～3	kg	0.120	0.180	0.270	0.360	0.480	0.600
	030103038	自攻螺钉 ST4×12	10个	0.728	1.144	1.664	2.288	3.016	3.744
	030105142	精制六角带帽螺栓 M2～5×4～20	10套	1.150	1.500	2.250	3.000	4.000	5.000
	030113004	垫圈 M2～8	10个	2.300	3.000	4.500	6.000	8.000	10.000
	850103006	其他材料费（占材料费）	%	1.000	1.000	1.000	1.000	1.000	1.000

8. 带调节阀散流器（圆形）

工作内容：对口、上螺栓、制垫、加垫、找正、找平、固定、试动、调整等。 **计量单位：**个

编号				7-3-62	7-3-63	7-3-64	7-3-65
项目				直径（mm）			
				≤ 150	≤ 200	≤ 250	≤ 300
名称			单位	消耗量			
人工	000203000	综合二类工	工日	0.166	0.218	0.283	0.336
材料	224311002	带调节阀散流器	个	（1.000）	（1.000）	（1.000）	（1.000）
	012105004	镀锌角钢 60 以内	kg	1.790	1.790	1.790	2.150
	020101002	橡胶板 δ1～3	kg	0.110	0.110	0.150	0.150
	030103050	木螺钉 d4 × 65 以下	10 个	0.420	0.520	0.620	0.730
	030105134	精制六角带帽螺栓 M6 × 75	套	3.000	3.000	3.000	4.000
	030113004	垫圈 M2～8	10 个	0.600	0.600	0.600	0.800
	850103006	其他材料费（占材料费）	%	1.000	1.000	1.000	1.000

工作内容：对口、上螺栓、制垫、加垫、找正、找平、固定、试动、调整等。 **计量单位：**个

编号				7-3-66	7-3-67	7-3-68	7-3-69
项目				直径（mm）			
				≤ 350	≤ 400	≤ 450	≤ 500
名称			单位	消耗量			
人工	000203000	综合二类工	工日	0.395	0.414	0.435	0.514
材料	224311002	带调节阀散流器	个	（1.000）	（1.000）	（1.000）	（1.000）
	012105004	镀锌角钢 60 以内	kg	2.150	3.220	3.220	4.300
	020101002	橡胶板 δ1～3	kg	0.200	0.200	0.300	0.300
	030103050	木螺钉 d4 × 65 以下	10 个	0.830	0.940	1.040	1.140
	030105134	精制六角带帽螺栓 M6 × 75	套	4.000	4.000	4.000	4.000
	030113004	垫圈 M2～8	10 个	0.800	0.800	0.800	0.800
	850103006	其他材料费（占材料费）	%	1.000	1.000	1.000	1.000

9. 带调节阀散流器（方、矩形）

工作内容：对口、上螺栓、制垫、加垫、找正、找平、固定、试动、调整等。 **计量单位：**个

编号				7-3-70	7-3-71	7-3-72	7-3-73
项目				周长（mm）			
				≤800	≤1200	≤1800	≤2400
名称			单位	消耗量			
人工	000203000	综合二类工	工日	0.290	0.355	0.414	0.613
材料	224311002	带调节阀散流器	个	（1.000）	（1.000）	（1.000）	（1.000）
	012105004	镀锌角钢 60 以内	kg	1.790	2.150	3.220	4.300
	020101002	橡胶板 δ1～3	kg	0.260	0.390	0.520	0.650
	030103050	木螺钉 *d*4×65 以下	10 个	0.830	1.250	1.460	2.080
	030105134	精制六角带帽螺栓 M6×75	套	6.000	10.000	15.000	20.000
	030113004	垫圈 M2～8	10 个	1.200	2.000	3.000	4.000
	850103006	其他材料费（占材料费）	%	1.000	1.000	1.000	1.000

10. 送吸风口

工作内容：对口、上螺栓、制垫、加垫、找正、找平、固定、试动、调整等。 **计量单位：**个

编号				7-3-74	7-3-75	7-3-76
项目				周长（mm）		
				≤1000	≤1600	≤2000
名称			单位	消耗量		
人工	000203000	综合二类工	工日	0.218	0.241	0.254
材料	224143002	送吸风口	个	（1.000）	（1.000）	（1.000）
	020101002	橡胶板 δ1～3	kg	0.050	0.110	0.160
	030105134	精制六角带帽螺栓 M6×75	套	8.000	—	—
	030105136	精制六角带帽螺栓 M8×75	套	—	12.000	16.000
	030113004	垫圈 M2～8	10 个	1.600	2.400	3.200
	850103006	其他材料费（占材料费）	%	1.000	1.000	1.000

11. 活动篦式风口

工作内容：对口、上螺栓、制垫、加垫、找正、找平、固定、试动、调整等。　　计量单位：个

编号				7-3-77	7-3-78	7-3-79
项目				周长（mm）		
				≤1330	≤1910	≤2590
名称			单位	消耗量		
人工	000203000	综合二类工	工日	0.242	0.285	0.360
材料	224115002	活动篦式风口	个	（1.000）	（1.000）	（1.000）
	010901008	圆钢 ϕ10～14	kg	0.020	0.020	0.020
	030103005	半圆头螺钉 M4×6	10套	1.000	1.100	1.400
	030101004	铁铆钉	kg	0.020	0.020	0.020
	850103006	其他材料费（占材料费）	%	1.000	1.000	1.000
机械	990726010	台式钻床 16mm	台班	0.080	0.090	0.100

12. 网式风口

工作内容：对口、上螺栓、制垫、加垫、找正、找平、固定、试动、调整等。　　计量单位：个

编号				7-3-80	7-3-81	7-3-82	7-3-83
项目				周长（mm）			
				≤900	≤1500	≤2000	≤2600
名称			单位	消耗量			
人工	000203000	综合二类工	工日	0.101	0.124	0.131	0.148
材料	224144002	网式风口	个	（1.000）	（1.000）	（1.000）	（1.000）
	030105142	精制六角带帽螺栓 M2～5×4～20	10套	0.600	1.200	1.600	2.000
	030113004	垫圈 M2～8	10个	1.200	2.400	3.200	4.000
	850103006	其他材料费（占材料费）	%	1.000	1.000	1.000	1.000

13. 钢 百 叶 窗

工作内容：对口、上螺栓、制垫、加垫、找正、找平、固定、试动、调整等。 **计量单位：**个

编 号				7-3-84	7-3-85	7-3-86	7-3-87
项 目				框内面积（m²）			
				≤ 0.5	≤ 1.0	≤ 2.0	≤ 4.0
名 称			单位	消 耗 量			
人工	000203000	综合二类工	工日	0.227	0.339	0.589	0.624
材料	110305002	钢百叶窗	个	（1.000）	（1.000）	（1.000）	（1.000）
	011301001	扁钢 59 以内	kg	0.210	0.310	0.410	0.510
	030103067	木螺钉 $d6 \times 100$	10 个	—	—	0.100	0.100
	030105142	精制六角带帽螺栓 M2～5 × 4～20	10 套	1.700	2.100	2.500	3.300
	030105134	精制六角带帽螺栓 M6 × 75	套	4.000	4.000	8.000	16.000
	030113004	垫圈 M2～8	10 个	0.800	0.800	1.600	3.200
	850103006	其他材料费（占材料费）	%	1.000	1.000	1.000	1.000

14. 板式排烟口

工作内容：开箱检查、除污锈、就位、上螺栓、固定、试动等。 **计量单位：**个

编 号				7-3-88	7-3-89	7-3-90	7-3-91
项 目				周长（mm）			
				≤ 800	≤ 1280	≤ 1600	≤ 2000
名 称			单位	消 耗 量			
人工	000203000	综合二类工	工日	0.166	0.208	0.242	0.277
材料	224109002	板式排烟口	个	（1.000）	（1.000）	（1.000）	（1.000）
	020101001	橡胶板（综合）	kg	0.080	0.080	0.120	0.240
	030105142	精制六角带帽螺栓 M2～5 × 4～20	10 套	1.150	1.600	2.000	2.500
	030113004	垫圈 M2～8	10 个	2.300	3.200	4.000	5.000
	850103006	其他材料费（占材料费）	%	1.000	1.000	1.000	1.000

工作内容：开箱检查、除污锈、就位、上螺栓、固定、试动等。　　　　**计量单位：**个

编　　号				7-3-92	7-3-93	7-3-94
项　　目				周长（mm）		
				≤ 2800	≤ 3200	≤ 4000
名　　称			单位	消　耗　量		
人工	000203000	综合二类工	工日	0.374	0.437	0.582
材料	224109002	板式排烟口	个	（1.000）	（1.000）	（1.000）
	020101001	橡胶板（综合）	kg	0.280	0.320	0.400
	030105142	精制六角带帽螺栓 M2～5×4～20	10 套	3.500	4.000	5.000
	030113004	垫圈 M2～8	10 个	7.000	8.000	10.000
	850103006	其他材料费（占材料费）	%	1.000	1.000	1.000

15. 多叶排烟口（送风口）

工作内容：开箱检查、除污锈、就位、上螺栓、固定、试动等。　　　　**计量单位：**个

编　　号				7-3-95	7-3-96	7-3-97	7-3-98
项　　目				周长（mm）			
				≤ 1200	≤ 2000	≤ 2600	≤ 3200
名　　称			单位	消　耗　量			
人工	000203000	综合二类工	工日	0.125	0.125	0.139	0.152
材料	224139002	多叶排烟口（送风口）	个	（1.000）	（1.000）	（1.000）	（1.000）
	011301001	扁钢 59 以内	kg	0.470	0.590	0.640	0.750
	030105142	精制六角带帽螺栓 M2～5×4～20	10 套	1.500	2.500	3.250	4.000
	030113004	垫圈 M2～8	10 个	3.000	5.000	6.500	8.000
	850103006	其他材料费（占材料费）	%	1.000	1.000	1.000	1.000
机械	990726010	台式钻床 16mm	台班	0.030	0.030	0.030	0.030

工作内容：开箱检查、除污锈、就位、上螺栓、固定、试动等。 **计量单位：**个

编号				7-3-99	7-3-100	7-3-101	7-3-102
项目				周长（mm）			
				≤ 3800	≤ 4400	≤ 4800	≤ 5200
名称			单位	消耗量			
人工	000203000	综合二类工	工日	0.166	0.179	0.187	0.194
材料	224139002	多叶排烟口（送风口）	个	（1.000）	（1.000）	（1.000）	（1.000）
	011301001	扁钢 59 以内	kg	0.830	0.980	1.100	1.190
	030105142	精制六角带帽螺栓 M2～5 × 4～20	10 套	4.750	5.500	6.000	6.500
	030113004	垫圈 M2～8	10 个	9.500	11.000	12.000	13.000
	850103006	其他材料费（占材料费）	%	1.000	1.000	1.000	1.000
机械	990726010	台式钻床 16mm	台班	0.030	0.030	0.030	0.030

四、塑料直片式散流器安装

工作内容：制垫、加垫、找正、连接、固定等。 **计量单位：**个

编号				7-3-103	7-3-104
项目				直径（mm）	
				≤ 400	> 400
名称			单位	消耗量	
人工	000203000	综合二类工	工日	0.328	0.476
材料	224300002	塑料散流器	个	（1.000）	（1.000）
	030105136	精制六角带帽螺栓 M8 × 75	套	4.000	5.000
	030113004	垫圈 M2～8	10 个	0.800	1.000
机械	990726010	台式钻床 16mm	台班	0.075	0.092

五、塑料空气分布器安装

1. 楔　　形

工作内容：制垫、加垫、找正、焊接、固定等。　　　　计量单位：个

编　　号				7-3-105	7-3-106	7-3-107	7-3-108
项　　目				网板式		活动百叶式	
				规格			
				≤ 350 × 580	＞ 350 × 580	≤ 350 × 580	＞ 350 × 580
名　　称			单位	消　耗　量			
人工	000203000	综合二类工	工日	0.189	0.377	0.263	0.393
材料	226112003	塑料空气分布器	个	（1.000）	（1.000）	（1.000）	（1.000）
	030105136	精制六角带帽螺栓 M8 × 75	套	15.500	20.000	15.500	20.000
	030113004	垫圈　M2～8	10 个	3.100	4.000	3.100	4.000
机械	990726010	台式钻床　16mm	台班	0.075	0.092	0.075	0.092

2. 矩　　形

工作内容：制垫、加垫、找正、焊接、固定等。　　　　计量单位：个

编　　号				7-3-109	7-3-110
项　　目				规格	
				≤ 500 × 710	＞ 500 × 710
名　　称			单位	消　耗　量	
人工	000203000	综合二类工	工日	0.154	0.375
材料	226112003	塑料空气分布器	个	（1.000）	（1.000）
	030105136	精制六角带帽螺栓 M8 × 75	套	20.000	25.000
	030113004	垫圈　M2～8	10 个	4.000	5.000
机械	990726010	台式钻床　16mm	台班	0.075	0.092

六、铝制孔板风口安装

工作内容：制垫、加垫、找正、找平、固定等。　　计量单位：个

编号				7-3-111	7-3-112	7-3-113	7-3-114
项目				周长（mm）			
				≤900	≤1280	≤1800	≤2500
名称			单位	消耗量			
人工	000203000	综合二类工	工日	0.128	0.162	0.318	0.366
材料	224119002	铝制孔板风口	个	（1.000）	（1.000）	（1.000）	（1.000）
	030103035	镀锌木螺钉 $d6\times100$	10个	4.000	6.000	6.000	10.000
	850103006	其他材料费（占材料费）	%	1.000	1.000	1.000	1.000

工作内容：制垫、加垫、找正、找平、固定等。　　计量单位：个

编号				7-3-115	7-3-116	7-3-117	7-3-118
项目				周长（mm）			
				≤3300	≤4800	≤6000	≤7000
名称			单位	消耗量			
人工	000203000	综合二类工	工日	0.414	0.540	0.694	0.822
材料	224119002	铝制孔板风口	个	（1.000）	（1.000）	（1.000）	（1.000）
	030103035	镀锌木螺钉 $d6\times100$	10个	14.000	20.000	24.000	26.000
	850103006	其他材料费（占材料费）	%	1.000	1.000	1.000	1.000

七、碳钢风帽制作、安装

1. 圆伞形风帽

工作内容： 1. 制作：放样、下料、卷制、咬口、制作法兰、零件、钻孔、铆焊、组装等。
2. 安装：找正、找平、制垫、加垫、上螺栓、拉筝绳、固定等。　　**计量单位：** 100kg

编　号				7-3-119	7-3-120	7-3-121
项　目				质量（kg）		
				≤ 10	≤ 50	> 50
名　称			单位	消　耗　量		
人工	000203000	综合二类工	工日	16.660	6.742	4.096
材料	012901006	热轧薄钢板 δ1.0～1.5	kg	82.740	96.060	101.500
	012101008	角钢 60	kg	21.050	14.340	10.660
	011301001	扁钢 59 以内	kg	13.890	8.780	8.350
	010901006	圆钢 ϕ6～8	kg	—	1.960	2.150
	031301009	低碳钢焊条 J427（综合）	kg	1.570	0.280	0.110
	031301023	碳钢气焊条（综合）	kg	0.100	0.100	0.100
	020101002	橡胶板 δ1～3	kg	1.080	0.760	0.380
	030105136	精制六角带帽螺栓 M8 × 75	套	81.730	39.020	16.530
	030113004	垫圈 M2～8	10 个	8.331	3.977	1.684
	142907002	乙炔气	kg	0.043	0.043	0.043
	142909001	氧气	m^3	0.120	0.120	0.120
	850103006	其他材料费（占材料费）	%	1.000	1.000	1.000
机械	990901010	交流弧焊机 21kV · A	台班	0.190	0.090	0.080
	990726010	台式钻床 16mm	台班	0.980	0.470	0.200
	990757010	法兰卷圆机 L40 × 4	台班	0.130	0.050	0.020

2. 锥形风帽

工作内容： 1. 制作：放样、下料、卷制、咬口、制作法兰、零件、钻孔、铆焊、组装等。
2. 安装：找正、找平、制垫、加垫、上螺栓、拉筝绳、固定等。　**计量单位：** 100kg

编号				7-3-122	7-3-123	7-3-124
项目				质量（kg）		
				≤25	≤100	>100
名称			单位	消耗量		
人工	000203000	综合二类工	工日	11.469	7.120	5.869
材料	012901006	热轧薄钢板 δ1.0～1.5	kg	98.830	105.760	114.580
	012101008	角钢 60	kg	6.380	5.440	4.170
	011301001	扁钢 59 以内	kg	14.810	10.580	5.020
	031301009	低碳钢焊条 J427（综合）	kg	1.380	0.790	0.280
	031301023	碳钢气焊条（综合）	kg	2.110	1.180	0.700
	020101002	橡胶板 δ1～3	kg	3.780	0.270	0.160
	030105136	精制六角带帽螺栓 M8×75	套	54.850	30.660	9.670
	030113004	垫圈 M2～8	10 个	5.590	3.125	0.960
	142907002	乙炔气	kg	1.061	0.609	0.370
	142909001	氧气	m^3	2.970	1.710	1.040
	850103006	其他材料费（占材料费）	%	1.000	1.000	1.000
机械	990901010	交流弧焊机 21kV·A	台班	0.400	0.250	0.080
	990726010	台式钻床 16mm	台班	0.460	0.250	0.100
	990757010	法兰卷圆机 L40×4	台班	0.130	0.050	0.020

3. 筒形风帽

工作内容：1. 制作：放样、下料、卷制、咬口、制作法兰、零件、钻孔、铆焊、组装等。
2. 安装：找正、找平、制垫、加垫、上螺栓、拉筝绳、固定等。 计量单位：100kg

编号				7-3-125	7-3-126	7-3-127
项目				质量（kg）		
				≤ 50	≤ 100	＞ 100
名称			单位	消耗量		
人工	000203000	综合二类工	工日	8.389	3.401	3.293
材料	012901006	热轧薄钢板 δ1.0～1.5	kg	75.720	84.700	84.620
	012101008	角钢 60	kg	7.270	17.890	16.630
	011301001	扁钢 59 以内	kg	25.970	7.070	7.750
	010901006	圆钢 ϕ6～8	kg	—	1.000	1.830
	031301009	低碳钢焊条 J427（综合）	kg	0.010	0.010	0.010
	031301023	碳钢气焊条（综合）	kg	0.070	0.080	0.060
	020101002	橡胶板 δ1～3	kg	0.380	0.220	0.160
	030105134	精制六角带帽螺栓 M6 × 75	套	169.230	—	—
	030105136	精制六角带帽螺栓 M8 × 75	套	—	36.980	27.380
	030113004	垫圈 M2～8	10 个	17.290	3.231	2.391
	142907002	乙炔气	kg	0.030	0.035	0.026
	142909001	氧气	m^3	0.080	0.100	0.070
	030101004	铁铆钉	kg	0.150	—	—
	850103006	其他材料费（占材料费）	%	1.000	1.000	1.000
机械	990901010	交流弧焊机 21kV · A	台班	0.010	0.010	0.010
	990726010	台式钻床 16mm	台班	0.400	0.230	0.100
	990757010	法兰卷圆机 L40 × 4	台班	0.140	0.040	0.020

4. 筒型风帽滴水盘

工作内容： 1. 制作：放样、下料、卷圆、咬口、铆焊、制法兰及零件、钻孔、组装等。
2. 安装：找正、找平、加垫、上螺栓、固定等。 **计量单位：** 100kg

编号				7-3-128	7-3-129
项目				质量（kg）	
				≤ 15	＞15
名称			单位	消耗量	
人工	000203000	综合二类工	工日	15.945	7.909
材料	012901006	热轧薄钢板 δ1.0～1.5	kg	87.550	93.120
	012101008	角钢 60	kg	21.120	18.120
	011301001	扁钢 59 以内	kg	12.230	7.130
	010901006	圆钢 ϕ6～8	kg	—	5.980
	170101002	焊接钢管 *DN*15	kg	1.160	0.310
	031301009	低碳钢焊条 J427（综合）	kg	0.150	0.150
	031301023	碳钢气焊条（综合）	kg	1.400	0.300
	020101002	橡胶板 δ1～3	kg	0.590	0.590
	030105134	精制六角带帽螺栓 M6 × 75	套	233.050	79.270
	142907002	乙炔气	kg	0.610	0.130
	142909001	氧气	m^3	1.710	0.360
	850103006	其他材料费（占材料费）	%	1.000	1.000
机械	990901010	交流弧焊机 21kV · A	台班	0.040	0.040
	990726010	台式钻床 16mm	台班	1.400	0.800
	990757010	法兰卷圆机 L40 × 4	台班	0.280	0.110

5. 风帽筝绳、风帽泛水

工作内容：1. 制作：放样、下料、卷圆、咬口、焊接、钻孔、组装等。
2. 安装：找正、找平、固定等。　　计量单位：见表

编　号				7-3-130	7-3-131
项　目				风帽筝绳	风帽泛水
单位				100kg	m^2
名　称			单位	消 耗 量	
人工	000203000	综合二类工	工日	4.900	1.018
材料	012907017	镀锌薄钢板 δ0.75	m^2	—	1.420
	011301001	扁钢 59 以内	kg	43.200	1.780
	010901008	圆钢 ϕ10～14	kg	60.800	—
	031301009	低碳钢焊条 J427（综合）	kg	0.200	—
	020101002	橡胶板 δ1～3	kg	—	2.700
	030105136	精制六角带帽螺栓 M8×75	套	47.600	4.000
	030113005	垫圈 M10～20	10 个	10.480	—
	133501004	油灰	kg	—	1.500
	850103006	其他材料费（占材料费）	%	1.000	1.000
机械	990901010	交流弧焊机 21kV·A	台班	0.100	—
	990726010	台式钻床 16mm	台班	0.200	0.010

八、塑料风帽、伸缩节制作、安装

1. 圆伞形风帽

工作内容：1. 制作：放样、锯切、坡口、制作法兰及零件、钻孔、组合成型等。
2. 安装：制垫、加垫、上螺栓、拉筝绳、固定等。　　计量单位：100kg

编　号				7-3-132
项　目				圆伞形风帽
名　称			单位	消 耗 量
人工	000203000	综合二类工	工日	22.947
材料	021101004	软聚氯乙烯板 δ2～8	kg	2.300
	021101007	硬聚氯乙烯板 δ2～30	kg	122.000
	031301018	硬聚氯乙烯焊条 ϕ4	kg	5.500
	030105136	精制六角带帽螺栓 M8×75	套	68.700
	030113004	垫圈 M2～8	10 个	13.740
	850103006	其他材料费（占材料费）	%	1.000

续前

编号				7-3-132
项目				圆伞形风帽
名称			单位	消耗量
机械	990726010	台式钻床 16mm	台班	0.500
	990740020	坡口机 2.8kW	台班	0.300
	991003020	电动空气压缩机 $0.6m^3/min$	台班	7.200
	990746010	弓锯床 250mm	台班	0.300
	991207010	箱式加热炉 45kW	台班	1.900

2. 锥形风帽

工作内容： 1. 制作：放样、锯切、坡口、制作法兰及零件、钻孔、组合成型等。

2. 安装：制垫、加垫、上螺栓、拉筝绳、固定等。 **计量单位：** 100kg

编号				7-3-133	7-3-134	7-3-135
项目				质量（kg）		
				≤20	≤40	>40
名称			单位	消耗量		
人工	000203000	综合二类工	工日	35.965	24.369	14.591
材料	021101004	软聚氯乙烯板 δ2～8	kg	1.900	1.100	0.600
	021101007	硬聚氯乙烯板 δ2～30	kg	122.000	122.000	122.000
	031301018	硬聚氯乙烯焊条 $\phi4$	kg	6.000	6.700	3.300
	030105136	精制六角带帽螺栓 M8×75	套	66.500	31.400	—
	030105137	精制六角带帽螺栓 M10×75	10套	—	—	1.260
	030113004	垫圈 M2～8	10个	13.300	6.280	—
	030113005	垫圈 M10～20	10个	—	—	2.520
	850103006	其他材料费（占材料费）	%	1.000	1.000	1.000
机械	990726010	台式钻床 16mm	台班	0.400	0.200	0.100
	990740020	坡口机 2.8kW	台班	0.500	0.400	0.200
	991003020	电动空气压缩机 $0.6m^3/min$	台班	10.800	8.700	5.200
	990746010	弓锯床 250mm	台班	0.400	0.300	0.200
	991207010	箱式加热炉 45kW	台班	4.000	1.500	0.600

3. 筒形风帽

工作内容： 1. 制作：放样、锯切、坡口、制作法兰及零件、钻孔、组合成型等。
2. 安装：制垫、加垫、上螺栓、拉筝绳、固定等。

计量单位： 100kg

编号				7-3-136	7-3-137	7-3-138
项目				质量（kg）		
				≤20	≤40	>40
名称			单位	消耗量		
人工	000203000	综合二类工	工日	38.604	22.260	14.687
材料	021101004	软聚氯乙烯板 δ2～8	kg	1.900	0.900	0.700
	021101007	硬聚氯乙烯板 δ2～30	kg	122.000	122.000	122.000
	031301018	硬聚氯乙烯焊条 ϕ4	kg	7.300	5.100	4.100
	030105136	精制六角带帽螺栓 M8×75	套	59.000	24.900	16.300
	030113004	垫圈 M2～8	10个	11.800	4.980	3.260
	850103006	其他材料费（占材料费）	%	1.000	1.000	1.000
机械	990726010	台式钻床 16mm	台班	0.400	0.200	0.100
	990740020	坡口机 2.8kW	台班	0.500	0.400	0.200
	991003020	电动空气压缩机 0.6m³/min	台班	10.800	8.700	5.200
	990746010	弓锯床 250mm	台班	0.400	0.300	0.200
	991207010	箱式加热炉 45kW	台班	4.000	1.500	0.600

4. 柔性接口及伸缩节

工作内容： 1. 制作：放样、锯切、坡口、制作套管及伸缩圈、加热成型、焊接等。
2. 安装：找平、找正、连接、固定等。

计量单位： m²

编号				7-3-139	7-3-140
项目				无法兰	有法兰
名称			单位	消耗量	
人工	000203000	综合二类工	工日	1.986	5.078
材料	021101004	软聚氯乙烯板 δ2～8	kg	6.260	7.220
	021101007	硬聚氯乙烯板 δ2～30	kg	—	4.590
	031301018	硬聚氯乙烯焊条 ϕ4	kg	—	0.310
	031301016	软聚氯乙烯焊条（综合）	kg	0.550	0.660
	030105136	精制六角带帽螺栓 M8×75	套	—	14.000
	030105137	精制六角带帽螺栓 M10×75	10套	—	0.975
	030105139	精制六角带帽螺栓 M12×75	10套	—	0.475
	030113004	垫圈 M2～8	10个	—	2.800
	030113005	垫圈 M10～20	10个	—	2.900
	850103006	其他材料费（占材料费）	%	1.000	1.000

续前

编号				7-3-139	7-3-140
项目				无法兰	有法兰
名称			单位	消耗量	
机械	991003020	电动空气压缩机 0.6m³/min	台班	0.730	1.470
	990726010	台式钻床 16mm	台班	—	0.160
	990740020	坡口机 2.8kW	台班	—	0.100
	990746010	弓锯床 250mm	台班	—	0.090
	991207010	箱式加热炉 45kW	台班	—	0.170

九、铝板风帽、法兰制作、安装

1. 圆伞形风帽

工作内容： 1. 制作：下料、平料、开孔、钻孔，组对、焊铆、攻丝、清洗焊口、组装固定等。
2. 安装：制垫、加垫、找平、找正、固定等。

计量单位： 100kg

编号				7-3-141
项目				圆伞形风帽
名称			单位	消耗量
人工	000203000	综合二类工	工日	17.127
材料	014301001	铝板（综合）	kg	71.470
	014303003	铝带 59 以内	kg	30.190
	031303015	铝焊丝 丝 301（综合）	kg	0.100
	031307001	铝焊粉	kg	0.150
	020101002	橡胶板 δ1～3	kg	1.080
	030105214	铝六角带帽螺栓 M6～10×25	套	81.730
	030113021	铝垫圈 M10～16	10 个	8.331
	142907002	乙炔气	kg	0.040
	142909001	氧气	m³	0.110
	850103006	其他材料费（占材料费）	%	1.000
机械	990726010	台式钻床 16mm	台班	0.980
	990734005	卷板机 2×1600mm	台班	0.350

2. 圆形法兰（气焊、手工氩弧焊）

工作内容：1. 制作：下料、平料、开孔、钻孔，组对、焊铆、攻丝、清洗焊口、组装固定，试动、短管、零件、试漏等。

2. 安装：制垫、加垫、找平、找正、组对、固定等。　　**计量单位：**100kg

编　号				7-3-142	7-3-143
项　目				质量（kg）	
				≤3	＞3
名　称			单位	消 耗 量	
人工	000203000	综合二类工	工日	27.753	10.800
材料	014901003	角铝 4×40×40	m	98.630	99.310
	031303015	铝焊丝 丝301（综合）	kg	4.700	4.600
	031307001	铝焊粉	kg	2.800	2.100
	030105214	铝六角带帽螺栓 M6～10×25	套	370.400	135.400
	142907002	乙炔气	kg	6.040	4.220
	142909001	氧气	m^3	16.910	11.820
	142911001	氩气	m^3	13.000	7.000
	020117003	耐酸橡胶板 δ3	kg	13.800	7.400
	850103006	其他材料费（占材料费）	%	1.000	1.000
机械	990912010	氩弧焊机 500A	台班	8.300	3.500
	990726010	台式钻床 16mm	台班	1.900	—
	990727020	立式钻床 35mm	台班	—	2.900
	990732005	剪板机 6.3×2000mm	台班	3.700	0.800
	990718010	普通车床 400×1000mm	台班	12.000	—
	990718030	普通车床 630×1400mm	台班	—	3.500
	990757010	法兰卷圆机 L40×4	台班	0.500	0.500

3. 矩形法兰（气焊、手工氩弧焊）

工作内容：1. 制作：下料、平料、开孔、钻孔，组对、焊铆、攻丝、清洗焊口、组装固定，试动、短管、零件、试漏等。
2. 安装：制垫、加垫、找平、找正、组对、固定等。 **计量单位：**100kg

编号				7-3-144	7-3-145
项目				质量（kg）	
				≤3	>3
名称			单位	消耗量	
人工	000203000	综合二类工	工日	26.860	11.091
材料	014303003	铝带 59 以内	kg	82.700	89.600
	031303015	铝焊丝 丝 301（综合）	kg	17.800	19.200
	031307001	铝焊粉	kg	8.200	7.100
	030105214	铝六角带帽螺栓 M6～10×25	套	684.900	269.400
	142907002	乙炔气	kg	1.350	8.480
	142909001	氧气	m^3	3.780	23.740
	142911001	氩气	m^3	3.100	27.600
	020117003	耐酸橡胶板 δ3	kg	23.600	15.900
	850103006	其他材料费（占材料费）	%	1.000	1.000
机械	990912010	氩弧焊机 500A	台班	9.600	4.400
	990727020	立式钻床 35mm	台班	2.700	1.000

十、玻璃钢风帽安装

1. 圆伞形风帽

工作内容：组对、组装就位、找平、找正、制垫、加垫、上螺栓、拉筝绳、固定等。 **计量单位：**100kg

编号				7-3-146	7-3-147
项目				质量（kg）	
				≤10	>10
名称			单位	消耗量	
人工	000203000	综合二类工	工日	4.890	1.980
材料	180600002	玻璃钢管道部件	kg	（100.000）	（100.000）
	020101002	橡胶板 δ1～3	kg	1.300	0.920
	030105136	精制六角带帽螺栓 M8×75	套	105.700	50.500
	030113004	垫圈 M2～8	10个	21.140	10.100
	850103006	其他材料费（占材料费）	%	1.000	1.000
机械	990726010	台式钻床 16mm	台班	1.150	0.550

2. 锥形风帽

工作内容：组对、组装就位、找平、找正、制垫、加垫、上螺栓、拉筝绳、固定等。　　**计量单位：**100kg

编号				7-3-148	7-3-149
项目				质量（kg）	
				≤ 25	> 25
名称			单位	消耗量	
人工	000203000	综合二类工	工日	3.430	2.127
材料	180600002	玻璃钢管道部件	kg	（100.000）	（100.000）
	020101002	橡胶板 δ1～3	kg	0.430	0.320
	030105136	精制六角带帽螺栓 M8 × 75	套	71.000	39.700
	030113004	垫圈 M2～8	10 个	14.200	7.940
	850103006	其他材料费（占材料费）	%	1.000	1.000
机械	990726010	台式钻床 16mm	台班	0.540	0.290

3. 筒形风帽

工作内容：组对、组装就位、找平、找正、制垫、加垫、上螺栓、拉筝绳、固定等。　　**计量单位：**100kg

编号				7-3-150	7-3-151
项目				质量（kg）	
				≤ 50	> 50
名称			单位	消耗量	
人工	000203000	综合二类工	工日	2.470	1.000
材料	180600002	玻璃钢管道部件	kg	（100.000）	（100.000）
	020101002	橡胶板 δ1～3	kg	0.430	0.320
	030105136	精制六角带帽螺栓 M8 × 75	套	89.500	47.900
	030113004	垫圈 M2～8	10 个	17.900	9.580
	850103006	其他材料费（占材料费）	%	1.000	1.000
机械	990726010	台式钻床 16mm	台班	1.650	0.940

十一、碳钢罩类制作、安装

1. 皮带防护罩、电机防雨罩

工作内容： 1. 制作：放样、下料、卷圆、制作罩体、来回弯、零件、法兰，钻孔、铆焊、组合成型等。
2. 安装：埋设支架、吊装、对口、找正、制垫、加垫、上螺栓、固定配重环及钢丝绳等。

计量单位： 100kg

编号				7-3-152	7-3-153	7-3-154
项目				皮带防护罩		电机防雨罩
				B 式	C 式	T110
名称			单位	消耗量		
人工	000203000	综合二类工	工日	40.092	28.969	7.477
材料	012901006	热轧薄钢板 δ1.0～1.5	kg	—	65.700	98.230
	012901015	热轧薄钢板 δ3.5～4.0	kg	4.000	1.900	—
	012900017	钢板 δ4.5～7	kg	—	—	28.200
	012101008	角钢 60	kg	64.700	12.300	—
	011301001	扁钢 59 以内	kg	31.300	20.000	—
	031505004	镀锌钢丝网 ϕ2.5 × 67 × 67～ ϕ3 × 50 × 50	m^2	8.600	4.100	—
	031301009	低碳钢焊条 J427（综合）	kg	5.300	2.700	1.100
	031301023	碳钢气焊条（综合）	kg	—	—	3.000
	030105144	精制蝶形带帽螺栓 M6 × 30	10 套	12.090	—	—
	030105145	精制蝶形带帽螺栓 M10 × 60	10 套	2.300	—	—
	030105134	精制六角带帽螺栓 M6 × 75	套	—	37.200	—
	030105136	精制六角带帽螺栓 M8 × 75	套	—	—	33.140
	030105137	精制六角带帽螺栓 M10 × 75	10 套	—	1.240	—
	142907002	乙炔气	kg	—	—	1.300
	142909001	氧气	m^3	—	—	3.640
	850103006	其他材料费（占材料费）	%	1.000	1.000	1.000
机械	990901010	交流弧焊机 21kV · A	台班	1.750	0.800	0.750
	990726010	台式钻床 16mm	台班	0.250	0.080	0.150

2. 侧吸罩、中小型零件焊接台排气罩

工作内容： 1. 制作：放样、下料、卷圆、制作罩体、来回弯、零件、法兰，钻孔、铆焊、组合成型等。

2. 安装：埋设支架、吊装、对口、找正、制垫、加垫、上螺栓、固定配重环及钢丝绳等。

计量单位： 100kg

编号				7-3-155	7-3-156	7-3-157
项目				侧吸罩		中、小型零件焊接台排气罩
				上吸式	下吸式	
名称			单位	消耗量		
人工	000203000	综合二类工	工日	8.732	7.066	12.005
材料	012901006	热轧薄钢板 δ1.0～1.5	kg	70.930	78.490	89.180
材料	012101008	角钢 60	kg	40.200	34.820	26.810
材料	011301001	扁钢 59 以内	kg	1.900	1.330	—
材料	031301009	低碳钢焊条 J427（综合）	kg	0.400	0.400	0.900
材料	030105134	精制六角带帽螺栓 M6 × 75	套	55.180	27.250	—
材料	030105136	精制六角带帽螺栓 M8 × 75	套	16.980	24.220	—
材料	030105131	精制六角螺栓 M8 × 20	10 套	—	1.211	3.257
材料	030101004	铁铆钉	kg	0.090	0.070	0.230
材料	020112007	无石棉橡胶板 高压 δ1～6	kg	—	—	0.700
材料	850103006	其他材料费（占材料费）	%	1.000	1.000	1.000
机械	990901010	交流弧焊机 21kV · A	台班	0.080	0.080	0.080
机械	990726010	台式钻床 16mm	台班	0.850	0.850	0.650
机械	990757010	法兰卷圆机 L40 × 4	台班	0.080	0.080	—

3. 槽边侧吸罩、通风罩

工作内容： 1. 制作：放样、下料、卷圆、制作罩体、来回弯、零件、法兰，钻孔、铆焊、组合成型等。
2. 安装：埋设支架、吊装、对口、找正、制垫、加垫、上螺栓、固定配重环及钢丝绳等。

计量单位： 100kg

编号				7-3-158	7-3-159
项目				整体、分组式槽边侧吸罩	吹、吸式槽边通风罩
名称			单位	消耗量	
人工	000203000	综合二类工	工日	12.074	12.221
材料	012901010	热轧薄钢板 δ2.0～2.5	kg	99.140	97.990
	012101008	角钢 60	kg	10.430	11.480
	031301009	低碳钢焊条 J427（综合）	kg	1.200	1.600
	020101004	橡胶板 δ4～15	kg	0.500	0.600
	030105134	精制六角带帽螺栓 M6×75	套	22.400	33.700
	142907002	乙炔气	kg	2.520	2.610
	142909001	氧气	m^3	7.060	7.310
	850103006	其他材料费（占材料费）	%	1.000	1.000
机械	990901010	交流弧焊机 21kV·A	台班	0.750	0.800
	990726010	台式钻床 16mm	台班	0.080	0.150

4. 条缝槽边抽风罩、泥心烘炉排气罩

工作内容： 1. 制作：放样、下料、卷圆、制作罩体、来回弯、零件、法兰，钻孔、铆焊、组合成型等。
2. 安装：埋设支架、吊装、对口、找正、制垫、加垫、上螺栓、固定配重环及钢丝绳等。

计量单位： 100kg

编号				7-3-160	7-3-161
项目				条缝槽边抽风罩	泥心烘炉排气罩
名称			单位	消耗量	
人工	000203000	综合二类工	工日	12.240	13.034
材料	012901006	热轧薄钢板 δ1.0～1.5	kg	—	39.300
	012901014	热轧薄钢板 δ2.6～3.2	kg	111.810	—
	012101008	角钢 60	kg	8.680	25.100
	012101010	角钢 63	kg	—	3.020
	011901004	槽钢 5#～16#	kg	—	39.560
	031301009	低碳钢焊条 J427（综合）	kg	5.900	0.100

续前

编　　号				7-3-160	7-3-161
项　　目				条缝槽边抽风罩	泥心烘炉排气罩
名　　称			单位	消　耗　量	
材料	020101004	橡胶板 δ4～15	kg	0.600	—
	030105134	精制六角带帽螺栓 M6×75	套	—	16.780
	142907002	乙炔气	kg	2.610	—
	142909001	氧气	m^3	7.310	—
	023503005	普通无石棉布	kg	—	9.100
	850103006	其他材料费（占材料费）	%	1.000	1.000
机械	990901010	交流弧焊机 21kV·A	台班	0.983	0.017
	990726010	台式钻床 16mm	台班	0.150	—

5. 升降式回转排气罩

工作内容： 1. 制作：放样、下料、卷圆、制作罩体、来回弯、零件、法兰，钻孔、铆焊、组合成型等。
2. 安装：埋设支架、吊装、对口、找正、制垫、加垫、上螺栓、固定配重环及钢丝绳等。

计量单位： 100kg

编　　号				7-3-162
项　　目				升降式回转排气罩
名　　称			单位	消　耗　量
人工	000203000	综合二类工	工日	35.907
材料	012901006	热轧薄钢板 δ1.0～1.5	kg	63.830
	012101008	角钢 60	kg	25.040
	011301001	扁钢 59 以内	kg	19.220
	010901006	圆钢 ϕ6～8	kg	0.240
	010901008	圆钢 ϕ10～14	kg	2.400
	030105132	精制六角螺栓 M10×25	10 套	0.956
	030109028	六角螺母 M6～10	10 个	2.922
	030109036	铜蝶形螺母 M8	10 个	0.488
	030101004	铁铆钉	kg	0.350
	850103006	其他材料费（占材料费）	%	1.000
机械	990726010	台式钻床 16mm	台班	0.350

6. 上、下吸式圆形回转罩

工作内容： 1. 制作：放样、下料、卷圆、制作罩体、来回弯、零件、法兰，钻孔、铆焊、组合成型等。
2. 安装：埋设支架、吊装、对口、找正、制垫、加垫、上螺栓、固定配重环及钢丝绳等。

计量单位： 100kg

编号				7-3-163	7-3-164
项目				墙上、混凝土柱上	钢柱上
名称			单位	消耗量	
人工	000203000	综合二类工	工日	7.977	3.646
材料	012901006	热轧薄钢板 δ1.0～1.5	kg	45.300	23.090
	012903011	热轧中厚钢板 δ8～20	kg	—	35.430
	012101008	角钢 60	kg	41.390	16.210
	012101010	角钢 63	kg	17.390	1.460
	011301001	扁钢 59 以内	kg	0.740	0.370
	010901009	圆钢 ϕ15～24	kg	0.190	0.090
	011901004	槽钢 5#～16#	kg	3.880	35.710
	170101005	焊接钢管 *DN*25	kg	1.650	—
	031301009	低碳钢焊条 J427（综合）	kg	0.200	0.200
	802101019	预拌细石混凝土 C20	m^3	—	0.260
	030105136	精制六角带帽螺栓 M8 × 75	套	7.590	3.870
	030117001	开口销 1～5	10 个	0.086	0.086
	850103006	其他材料费（占材料费）	%	1.000	1.000
机械	990901010	交流弧焊机 21kV · A	台班	0.033	0.033
	990726010	台式钻床 16mm	台班	0.050	0.090
	990757010	法兰卷圆机 L40 × 4	台班	0.020	0.020

7. 升降式排气罩、手锻炉排气罩

工作内容： 1. 制作：放样、下料、卷圆、制作罩体、来回弯、零件、法兰，钻孔、铆焊、组合成型等。

2. 安装：埋设支架、吊装、对口、找正、制垫、加垫、上螺栓、固定配重环及钢丝绳等。

计量单位： 100kg

编　号				7-3-165	7-3-166
项　目				升降式排气罩	手锻炉排气罩
名　称			单位	消　耗　量	
人工	000203000	综合二类工	工日	6.791	5.312
材料	012901006	热轧薄钢板 δ1.0～1.5	kg	21.870	—
	012901010	热轧薄钢板 δ2.0～2.5	kg	28.900	99.230
	012101008	角钢 60	kg	9.060	9.950
	011301001	扁钢 59 以内	kg	4.750	0.120
	010901006	圆钢 ϕ6～8	kg	0.980	0.100
	010901008	圆钢 ϕ10～14	kg	0.880	—
	010901003	圆钢 ϕ32 以外	kg	1.480	—
	020101002	橡胶板 δ1～3	kg	—	0.540
	031301009	低碳钢焊条 J427（综合）	kg	0.100	1.100
	030109028	六角螺母 M6～10	10 个	0.375	—
	030113005	垫圈 M10～20	10 个	0.375	—
	030117001	开口销 1～5	10 个	0.375	—
	010501004	钢丝绳 ϕ4.2	kg	0.430	—
	016115001	铸铁	kg	40.130	—
	850103006	其他材料费（占材料费）	%	1.000	1.000
机械	990901010	交流弧焊机 21kV · A	台班	0.017	0.183
	990726010	台式钻床 16mm	台班	0.050	0.050
	990757010	法兰卷圆机 L40 × 4	台班	0.050	0.050
	990718010	普通车床 400 × 1000mm	台班	0.300	—

十二、塑料风罩制作、安装

1. 槽边侧吸罩、槽边风罩

工作内容：1. 制作：放样、锯切、坡口、加热成型、制作短管、零件及法兰、钻孔、焊接、组合成型等。
2. 安装：制垫、加垫、找正、紧固等。

计量单位：100kg

编号				7-3-167	7-3-168	7-3-169	7-3-170
项目				槽边侧吸罩		槽边风罩	
				分组式	整体式	吹	吸
名称			单位	消耗量			
人工	000203000	综合二类工	工日	35.696	27.176	39.431	25.151
材料	021101004	软聚氯乙烯板 δ2～8	kg	5.700	4.300	7.000	3.200
	021101007	硬聚氯乙烯板 δ2～30	kg	116.000	122.000	116.000	116.000
	031301018	硬聚氯乙烯焊条 ϕ4	kg	8.900	6.600	10.000	5.200
	030105136	精制六角带帽螺栓 M8×75	套	158.200	131.800	244.000	107.600
	030113004	垫圈 M2～8	10个	33.230	26.360	48.800	22.420
	850103006	其他材料费（占材料费）	%	1.000	1.000	1.000	1.000
机械	990726010	台式钻床 16mm	台班	0.500	0.400	0.500	0.400
	990740020	坡口机 2.8kW	台班	0.800	0.500	0.800	0.500
	991003020	电动空气压缩机 0.6m³/min	台班	12.300	9.000	12.300	9.000
	990746010	弓锯床 250mm	台班	0.300	0.200	0.300	0.200
	991207010	箱式加热炉 45kW	台班	1.400	0.800	1.400	0.800

2. 条缝槽边抽风罩

工作内容： 1. 制作：放样、锯切、坡口、加热成型、制作短管、零件及法兰、钻孔、焊接、组合成型等。
2. 安装：制垫、加垫、找正、紧固等。　　　　**计量单位：** 100kg

编号				7-3-171	7-3-172	7-3-173
项目				周边	单侧	双侧
名称			单位	消耗量		
人工	000203000	综合二类工	工日	23.047	23.993	21.004
材料	021101004	软聚氯乙烯板 δ2～8	kg	1.600	4.000	1.600
	021101007	硬聚氯乙烯板 δ2～30	kg	116.000	116.000	116.000
	031301018	硬聚氯乙烯焊条 ϕ4	kg	5.900	7.000	6.300
	030105136	精制六角带帽螺栓 M8×75	套	49.500	100.000	44.400
	030113004	垫圈 M2～8	10个	9.890	20.000	9.320
	850103006	其他材料费（占材料费）	%	1.000	1.000	1.000
机械	990726010	台式钻床 16mm	台班	0.200	0.200	0.200
	990740020	坡口机 2.8kW	台班	0.500	0.500	0.500
	991003020	电动空气压缩机 0.6m^3/min	台班	9.000	9.000	9.000
	990746010	弓锯床 250mm	台班	0.200	0.200	0.200
	991207010	箱式加热炉 45kW	台班	0.800	0.800	0.800

十三、消声器安装

1. 微穿孔板消声器

工作内容： 吊托支架制作安装、组对、安装、找正、找平、制垫、上螺栓、固定等。　　　　**计量单位：** 个

编号				7-3-174	7-3-175	7-3-176	7-3-177	7-3-178	7-3-179
项目				周长（mm）					
				≤1800	≤2400	≤3200	≤4000	≤5000	≤6000
名称			单位	消耗量					
人工	000203000	综合二类工	工日	0.886	1.258	1.610	2.150	2.737	3.363
材料	225507001	微穿孔板消声器	个	（1.000）	（1.000）	（1.000）	（1.000）	（1.000）	（1.000）
	012101008	角钢 60	kg	8.130	9.590	14.130	—	—	—
	010900001	圆钢（综合）	t	0.005	0.005	0.008	—	—	—
	010901008	圆钢 ϕ10～14	kg	—	—	—	9.260	10.730	10.730
	011901004	槽钢 5#～16#	kg	—	—	—	31.570	35.750	38.170
	020101002	橡胶板 δ1～3	kg	0.410	0.695	0.985	1.370	1.825	2.026
	030105134	精制六角带帽螺栓 M6×75	套	26.000	34.500	—	—	—	—
	030105136	精制六角带帽螺栓 M8×75	套	—	—	46.000	57.000	71.500	86.000
	030113005	垫圈 M10～20	10个	5.200	6.900	9.200	11.400	14.300	17.200
	850103006	其他材料费（占材料费）	%	1.000	1.000	1.000	1.000	1.000	1.000

2. 阻抗式消声器

工作内容：吊托支架制作安装、组对、安装、找正、找平、制垫、上螺栓、固定等。 **计量单位：**个

编号				7-3-180	7-3-181	7-3-182	7-3-183	7-3-184
项目				周长（mm）				
				≤ 2200	≤ 2400	≤ 3000	≤ 4000	≤ 5800
名称			单位	消耗量				
人工	000203000	综合二类工	工日	1.128	1.597	2.033	2.835	4.210
材料	225505001	阻抗式消声器	个	（1.000）	（1.000）	（1.000）	（1.000）	（1.000）
	012101008	角钢 60	kg	8.070	9.320	13.070	16.010	—
	010901007	圆钢 ϕ8～14	kg	4.510	5.160	—	—	—
	010901008	圆钢 ϕ10～14	kg	—	—	8.140	9.260	10.730
	011901004	槽钢 5#～16#	kg	—	—	—	—	34.010
	020101002	橡胶板 δ1～3	kg	0.400	0.533	0.630	0.840	1.810
	030105134	精制六角带帽螺栓 M6 × 75	套	31.500	34.500	—	—	—
	030105136	精制六角带帽螺栓 M8 × 75	套	—	—	43.000	57.000	83.000
	030113005	垫圈 M10～20	10 个	6.300	6.900	8.600	11.400	16.600
	850103006	其他材料费（占材料费）	%	1.000	1.000	1.000	1.000	1.000

3. 管式消声器

工作内容：吊托支架制作安装、组对、安装、找正、找平、制垫、上螺栓、固定等。 **计量单位：**个

编号				7-3-185	7-3-186	7-3-187	7-3-188
项目				周长（mm）			
				≤ 1280	≤ 2400	≤ 3200	≤ 4000
名称			单位	消耗量			
人工	000203000	综合二类工	工日	0.645	0.919	1.180	1.466
材料	225513001	管式消声器	个	（1.000）	（1.000）	（1.000）	（1.000）
	012101008	角钢 60	kg	3.460	7.140	7.550	9.320
	010901007	圆钢 ϕ8～14	kg	2.500	3.870	5.160	5.160
	020101002	橡胶板 δ1～3	kg	0.310	0.720	0.910	1.190
	030105134	精制六角带帽螺栓 M6 × 75	套	18.500	—	—	—
	030105136	精制六角带帽螺栓 M8 × 75	套	—	34.500	46.000	57.000
	030113005	垫圈 M10～20	10 个	3.700	6.900	9.200	11.400
	850103006	其他材料费（占材料费）	%	1.000	1.000	1.000	1.000

4. 消 声 弯 头

工作内容：找标高、起吊、对口、找正、找平、制垫、加垫、上螺栓、固定等。　　计量单位：个

编号				7-3-189	7-3-190	7-3-191	7-3-192
项目				周长（mm）			
				≤ 800	≤ 1200	≤ 1800	≤ 2400
名称			单位	消耗量			
人工	000203000	综合二类工	工日	0.407	0.491	0.572	1.158
材料	226199001	消声弯头	个	（1.000）	（1.000）	（1.000）	（1.000）
	012101008	角钢 60	kg	3.390	3.770	4.180	7.720
	010900002	圆钢（综合）	kg	2.500	2.500	2.500	4.510
	020101002	橡胶板 δ1～3	kg	0.210	0.262	0.381	0.501
	030105134	精制六角带帽螺栓 M6 × 75	套	11.500	17.000	26.000	34.500
	030113005	垫圈 M10～20	10 个	2.300	3.400	5.200	6.900
	850103006	其他材料费（占材料费）	%	1.000	1.000	1.000	1.000

工作内容：找标高、起吊、对口、找正、找平、制垫、加垫、上螺栓、固定等。　　计量单位：个

编号				7-3-193	7-3-194	7-3-195	7-3-196
项目				周长（mm）			
				≤ 3200	≤ 4000	≤ 6000	≤ 7200
名称			单位	消耗量			
人工	000203000	综合二类工	工日	1.441	1.661	2.880	3.457
材料	226199001	消声弯头	个	（1.000）	（1.000）	（1.000）	（1.000）
	012101008	角钢 60	kg	9.120	13.520	—	—
	010900002	圆钢（综合）	kg	5.160	—	—	—
	010901008	圆钢 ϕ10～14	kg	—	7.410	8.520	8.520
	011901004	槽钢 5#～16#	kg	—	—	31.400	36.850
	020101002	橡胶板 δ1～3	kg	0.695	0.882	1.495	2.168
	030105134	精制六角带帽螺栓 M6 × 75	套	46.000	—	—	—
	030105136	精制六角带帽螺栓 M8 × 75	套	—	57.000	86.000	103.000
	030113005	垫圈 M10～20	10 个	9.200	11.400	17.200	20.600
	850103006	其他材料费（占材料费）	%	1.000	1.000	1.000	1.000

十四、消声静压箱安装

工作内容： 吊装、组对、制垫、加垫、找平、找正、紧固固定等。 **计量单位：** 个

编号				7-3-197	7-3-198	7-3-199
项目				展开面积（m^2）		
				≤5	≤10	≤20
名称			单位	消耗量		
人工	000203000	综合二类工	工日	1.896	2.081	2.428
材料	225901001	消声静压箱	个	（1.000）	（1.000）	（1.000）
	020117003	耐酸橡胶板 δ3	kg	4.442	7.089	11.472
	030105136	精制六角带帽螺栓 M8×75	套	34.000	38.000	48.000
	030113005	垫圈 M10～20	10个	6.800	7.600	9.600
	850103006	其他材料费（占材料费）	%	1.000	1.000	1.000
机械	990727020	立式钻床 35mm	台班	0.450	0.690	0.738

十五、静压箱制作、安装

工作内容： 1. 制作：放样、下料、折方、咬口、开孔、制作箱体、出口短管及加固框、铆铆钉、嵌缝、焊锡等。
2. 安装：找标高、挂葫芦、吊装、找平、找正、固定等。 **计量单位：** $10m^2$

编号				7-3-200
项目				静压箱
名称			单位	消耗量
人工	000203000	综合二类工	工日	8.369
材料	012907020	镀锌薄钢板 δ1.0	m^2	（11.490）
	012101008	角钢 60	kg	43.530
	030101005	镀锌铆钉 M4	kg	0.100
	133503016	密封胶 KS型	kg	2.600
	143505005	洗涤剂	kg	7.770
	022703001	白布	m^2	0.200
	022909001	白绸	m^2	0.200
	020901004	聚氯乙烯薄膜	kg	0.070
	021301011	塑料打包带	kg	0.100
	850103006	其他材料费（占材料费）	%	1.000
机械	990901010	交流弧焊机 21kV·A	台班	0.300
	990732005	剪板机 6.3×2000mm	台班	0.100

十六、不锈钢法兰、吊托支架制作、安装

工作内容： 1. 制作：下料、号料、开孔、钻孔、组对、点焊、焊接成型、焊缝酸洗、钝化等。

2. 安装：制垫、加垫、找平、找正、组对、固定等。　　**计量单位：** 100kg

编　号				7-3-201	7-3-202	7-3-203
项　目				不锈钢圆形法兰　质量（kg）		吊托支架
				≤5	>5	
名　称			单位	消　耗　量		
人工	000203000	综合二类工	工日	26.754	9.800	5.806
材料	011307003	不锈钢扁钢　59 以内	kg	（96.000）	（101.000）	（20.500）
	012101009	角钢　60	kg	—	—	（63.000）
	011301002	扁钢　59 以内	kg	—	—	（20.500）
	031301003	不锈钢焊条　A102　ϕ3.2	kg	6.300	3.100	0.400
	031303018	不锈钢氩弧焊丝（综合）	kg	2.700	1.800	—
	030105014	不锈钢六角螺栓带螺母　M6×50 以下	10 套	18.000	—	—
	030105015	不锈钢六角螺栓带螺母　M8×50 以下	10 套	—	6.370	2.320
	030113009	不锈钢垫圈　M10～12	10 个	—	—	4.630
	020117003	耐酸橡胶板　δ3	kg	6.800	3.800	—
	142911001	氩气	m^3	6.300	3.300	—
	142907002	乙炔气	kg	—	—	0.639
	142909001	氧气	m^3	—	—	1.788
	031101001	砂轮片（综合）	片	—	—	1.440
	850103006	其他材料费（占材料费）	%	1.000	1.000	1.000
机械	990904030	直流弧焊机　20kV·A	台班	6.597	3.246	0.419
	990726010	台式钻床　16mm	台班	0.900	—	0.200
	990912010	氩弧焊机　500A	台班	4.100	1.600	—
	990718010	普通车床　400×1000mm	台班	4.968	—	—
	990757010	法兰卷圆机　L40×4	台班	0.500	0.500	—
	990718030	普通车床　630×1400mm	台班	—	2.300	—
	990727020	立式钻床　35mm	台班	—	1.400	—
	990743010	等离子切割机　400A	台班	—	1.000	—

十七、设备支架制作、安装

工作内容： 1. 制作：放样、下料、调直、钻孔、焊接、成型等。
2. 安装：测位、上螺栓、固定、打洞、埋支架等。 **计量单位：** 100kg

编号				7-3-204	7-3-205
项目				质量（kg）	
				≤50	＞50
名称			单位	消耗量	
人工	000203000	综合二类工	工日	4.126	2.698
材料	012300002	型钢（综合）	kg	（104.000）	（104.000）
	031301009	低碳钢焊条 J427（综合）	kg	1.610	0.570
	030105137	精制六角带帽螺栓 M10×75	10套	1.741	—
	030105140	精制六角带帽螺栓 M14×75	10套	—	0.208
	030105141	精制六角带帽螺栓 M20×101～150	10套	—	0.104
	142907002	乙炔气	kg	0.409	0.178
	142909001	氧气	m^3	1.150	0.500
	031101012	尼龙砂轮片 ϕ400	片	0.119	0.119
	850103006	其他材料费（占材料费）	%	1.000	1.000
机械	990901010	交流弧焊机 21kV·A	台班	0.294	0.168
	990726010	台式钻床 16mm	台班	0.040	0.010

十八、双通丝杆双层横梁抗震支架

工作内容： 定位、组对、栽（埋）螺栓、安装、校正等。 **计量单位：** 副

编号				7-3-206	7-3-207
项目				单向	双向
名称			单位	消耗量	
人工	000203000	综合二类工	工日	1.120	1.405
材料	182719001	抗震支架	副	（1.000）	（1.000）
	031101012	尼龙砂轮片 ϕ400	片	0.036	0.038
	850103006	其他材料费（占材料费）	%	2.000	2.000
机械	990785030	砂轮切割机 ϕ400	台班	0.060	0.080

十九、过滤器、框架制作、安装

1. 过滤器安装

工作内容：开箱、检查、配合钻孔、加垫、口缝涂密封胶、安装等。　　**计量单位**：台

编　号				7-3-208	7-3-209
项　目				高效过滤器安装	中、低效过滤器安装
名　称			单位	消　耗　量	
人工	000203000	综合二类工	工日	0.490	0.078
材料	502510001	高效过滤器	台	（1.000）	—
	502510002	中、低效过滤器	台	—	（1.000）
	133503016	密封胶 KS 型	kg	0.460	0.460
	020112005	无石棉橡胶板 低中压 δ0.8～6	kg	0.100	0.100
	850103006	其他材料费（占材料费）	%	1.000	1.000

2. 过滤器框架制作、安装

工作内容：支架制作、安装等。　　**计量单位**：100kg

编　号				7-3-210
项　目				过滤器框架
名　称			单位	消　耗　量
人工	000203000	综合二类工	工日	5.488
材料	012300002	型钢（综合）	kg	（104.800）
	031301009	低碳钢焊条 J427（综合）	kg	1.900
	030109035	铝蝶形螺母 M12 以内	10 个	0.560
	030105157	镀锌六角螺栓带螺母 M8 × 75	套	23.900
	030101005	镀锌铆钉 M4	kg	35.100
	021917001	闭孔乳胶海棉 δ5	kg	7.100
	020901004	聚氯乙烯薄膜	kg	0.400
	031101012	尼龙砂轮片 ϕ400	片	0.237
	133503016	密封胶 KS 型	kg	2.600
	143505005	洗涤剂	kg	7.770
	022703001	白布	m^2	0.200
	022909001	白绸	m^2	0.200
	021301011	塑料打包带	kg	0.100
	182518006	打包铁卡子	10 个	0.600
	850103006	其他材料费（占材料费）	%	1.000
机械	990901010	交流弧焊机 21kV · A	台班	0.300
	990726010	台式钻床 16mm	台班	0.200

二十、补 充 项 目

1. 消声静压箱

工作内容：吊装、组对、制垫、加垫、找平、找正、紧固固定等。 **计量单位：**个

编 号				7-3-211	7-3-212	7-3-213	7-3-214
项 目				展开面积（m²）			
				≤ 30	≤ 40	≤ 50	> 50
名 称			单位	消 耗 量			
人工	000203000	综合二类工	工日	3.157	4.104	5.335	6.936
材料	225901001	消声静压箱	个	（1.000）	（1.000）	（1.000）	（1.000）
	020117003	耐酸橡胶板 δ3	kg	14.340	17.925	22.406	28.008
	030105136	精制六角带帽螺栓 M8 × 75	套	60.000	72.000	88.000	102.000
	030113005	垫圈 M10～20	10 个	12.000	14.400	17.600	20.400
	850103006	其他材料费（占材料费）	%	1.000	1.000	1.000	1.000
机械	990727020	立式钻床 35mm	台班	0.923	1.153	1.441	1.802

2. 组合式风阀

工作内容：风阀运输、搬运、开箱检查、测试、测位、测量、画线、边框制作安装、风阀安装、调试及运转、检查、验收等。 **计量单位：**组

编 号				7-3-215	7-3-216	7-3-217	7-3-218	7-3-219
项 目				卧式 周长（m）				
				≤ 10	≤ 14	≤ 16	≤ 18	≤ 21
名 称			单位	消 耗 量				
人工	000203000	综合二类工	工日	4.862	7.143	8.164	9.184	10.718
材料	225315001	组合风阀 周长 ≤ 10m	组	（1.000）	—	—	—	—
	225315002	组合风阀 周长 ≤ 14m	组	—	（1.000）	—	—	—
	225315003	组合风阀 周长 ≤ 16m	组	—	—	（1.000）	—	—
	225315004	组合风阀 周长 ≤ 18m	组	—	—	—	（1.000）	—
	225315005	组合风阀 周长 ≤ 21m	组	—	—	—	—	（1.000）
	011900002	槽钢（综合）	kg	157.610	252.550	306.860	345.220	447.500
	012100002	角钢（综合）	kg	11.570	14.470	17.360	20.250	26.040
	031301008	低碳钢焊条 J422（综合）	kg	0.230	0.290	0.350	0.410	0.520
	030107025	膨胀螺栓 M12 × 110	套	16.320	20.400	24.480	28.560	36.720
	030105111	六角螺栓带螺母、垫圈（综合）	kg	2.100	2.690	3.530	4.030	4.200

续前

编　号				7-3-215	7-3-216	7-3-217	7-3-218	7-3-219
项　目				卧式 周长（m）				
				≤10	≤14	≤16	≤18	≤21
名　称			单位	消 耗 量				
材料	031519010	冲击钻头 ϕ12	支	0.160	0.200	0.240	0.280	0.360
	341103001	电	kW·h	0.230	0.290	0.350	0.410	0.530
	850103006	其他材料费（占材料费）	%	1.000	1.000	1.000	1.000	1.000
机械	990901010	交流弧焊机 21kV·A	台班	0.090	0.110	0.130	0.160	0.200
	990304016	汽车式起重机 16t	台班	0.080	0.080	0.090	0.090	0.100
	990401030	载重汽车 8t	台班	0.050	0.050	0.060	0.060	0.070
	990785040	砂轮切割机 ϕ500	台班	0.130	0.160	0.200	0.230	0.260
	990919010	电焊条烘干箱 $45\times35\times45cm^3$	台班	0.020	0.030	0.040	0.040	0.050

工作内容：风阀运输、搬运、开箱检查、测试、测位、测量、画线、边框制作安装、风阀安装、调试及运转、检查、验收等。

计量单位：组

编　号				7-3-220	7-3-221	7-3-222	7-3-223	7-3-224
项　目				立式 周长（m）				
				≤10	≤14	≤16	≤18	≤21
名　称			单位	消 耗 量				
人工	000203000	综合二类工	工日	5.005	7.358	8.411	9.464	11.037
材料	225315001	组合风阀 周长≤10m	组	（1.000）	—	—	—	—
	225315002	组合风阀 周长≤14m	组	—	（1.000）	—	—	—
	225315003	组合风阀 周长≤16m	组	—	—	（1.000）	—	—
	225315004	组合风阀 周长≤18m	组	—	—	—	（1.000）	—
	225315005	组合风阀 周长≤21m	组	—	—	—	—	（1.000）
	011900002	槽钢（综合）	kg	197.640	308.590	370.900	417.270	531.560
	012100002	角钢（综合）	kg	8.680	11.570	14.470	17.360	20.250
	031301008	低碳钢焊条 J422（综合）	kg	0.170	0.230	0.290	0.350	0.410
	030107025	膨胀螺栓 M12×110	套	22.240	30.320	36.400	42.480	49.560
	030105111	六角螺栓带螺母、垫圈（综合）	kg	2.210	2.820	3.700	4.230	4.410
	031519010	冲击钻头 ϕ12	支	0.220	0.300	0.360	0.420	0.490
	341103001	电	kW·h	0.230	0.290	0.350	0.410	0.530
	850103006	其他材料费（占材料费）	%	1.000	1.000	1.000	1.000	1.000
机械	990901010	交流弧焊机 21kV·A	台班	0.070	0.090	0.110	0.130	0.160
	990304016	汽车式起重机 16t	台班	0.080	0.080	0.090	0.090	0.100
	990401030	载重汽车 8t	台班	0.050	0.050	0.060	0.060	0.070
	990785040	砂轮切割机 ϕ500	台班	0.130	0.160	0.200	0.230	0.260
	990919010	电焊条烘干箱 $45\times35\times45cm^3$	台班	0.020	0.020	0.030	0.040	0.040

3. 余 压 阀

工作内容： 搬运、开箱检查、测试、测位、号孔、钻孔、对口、校正、预留木框、木砖、上螺栓、加垫、找正、试动等。

计量单位：个

编 号				7-3-225
项 目				余压阀
名 称			单位	消 耗 量
人工	000203000	综合二类工	工日	3.870
材料	192700002	余压阀	个	（1.000）
	012100002	角钢（综合）	kg	9.540
	031301008	低碳钢焊条 J422（综合）	kg	0.350
	030107024	膨胀螺栓 M10×110	套	9.360
	850103006	其他材料费（占材料费）	%	1.000
机械	990901010	交流弧焊机 21kV·A	台班	0.090
	990919010	电焊条烘干箱 45×35×45cm^3	台班	0.040

4. 片式消声器

工作内容： 测量、画线、运输、制作安装槽钢加固件、找正、找平、封堵、固定、检查、验收等。

计量单位：套

编 号				7-3-226	7-3-227	7-3-228	7-3-229	7-3-230
项 目				周长（m）				
				≤10	≤14	≤16	≤18	≤21
名 称			单位	消 耗 量				
人工	000203000	综合二类工	工日	8.036	9.401	11.578	13.748	15.596
材料	225500001	消声器 周长≤10m	套	（1.000）	—	—	—	—
	225500002	消声器 周长≤14m	套	—	（1.000）	—	—	—
	225500003	消声器 周长≤16m	套	—	—	（1.000）	—	—
	225500004	消声器 周长≤18m	套	—	—	—	（1.000）	—
	225500005	消声器 周长≤21m	套	—	—	—	—	（1.000）
	011900002	槽钢（综合）	kg	24.020	32.020	40.030	56.040	72.050
	031301008	低碳钢焊条 J422（综合）	kg	0.160	0.210	0.270	0.370	0.480
	030107025	膨胀螺栓 M12×110	套	24.480	28.560	32.640	40.800	46.920
	030105111	六角螺栓带螺母、垫圈（综合）	kg	4.320	6.480	8.640	12.960	19.440
	203501011	连接板	个	112.000	168.000	224.000	334.000	498.000
	030507002	脚轮 ϕ80	个	4.200	6.300	8.400	8.400	8.400
	031519010	冲击钻头 ϕ12	支	0.240	0.280	0.320	0.400	0.460
	341103001	电	kW·h	0.350	0.410	0.470	0.580	0.670
	850103006	其他材料费（占材料费）	%	1.000	1.000	1.000	1.000	1.000
机械	990304016	汽车式起重机 16t	台班	0.050	0.050	0.060	0.060	0.070
	990401030	载重汽车 8t	台班	0.050	0.050	0.050	0.060	0.060
	990901010	交流弧焊机 21kV·A	台班	0.060	0.080	0.100	0.140	0.190
	990919010	电焊条烘干箱 45×35×45cm^3	台班	0.020	0.020	0.030	0.040	0.050

第四章

人防设备及部件制作、安装

说　明

一、本章内容包括人防排气阀门安装，人防手动密闭阀门安装，人防双连杆型手电动两用密闭阀门安装，人防插板阀安装，人防通风机安装，防护设备安装以及密闭穿墙套管制作、安装、填塞。

二、手（电）动密闭阀安装项目包括一副法兰，两副法兰用螺栓及橡胶石棉垫圈。如为一侧接管时，人工乘以系数 0.60，材料、机械乘以系数 0.50。项目不包括吊托支架制作安装，吊托支架应执行本册第三章设备支架制作、安装项目。

三、相关说明：

1. 除尘过滤器、过滤吸收器安装项目不包括支架制作、安装，支架应执行本册第三章设备支架制作、安装项目。

2. 探头式含磷毒气报警器安装包括探头固定数和三角支架制作、安装，报警器保护孔按建筑预留考虑。

3. 密闭穿墙管项目填料按油麻丝、黄油封堵考虑，如填料不同，可按实换算调整。

4. 密闭穿墙管制作、安装分类：Ⅰ型为薄钢板风管直接浇入混凝土墙内的密闭穿墙管；Ⅱ型为取样管用密闭穿墙管；Ⅲ型为薄钢板风管通过套管穿墙的密闭穿墙管。

5. 密闭穿墙管按墙厚 300mm 编制，如与设计墙厚不同，板材用量可按实换算调整，其余不变；Ⅲ型穿墙管项目不包括风管本身。

6. 手摇（脚踏）电动两用风机安装项目已包含设备支架的安装费，其设备支架按风机配套供应考虑，如设备未配带，需现场制作时，其制作费，应执行本册第三章设备支架制作项目。

工程量计算规则

一、各种调节阀安装，应区分不同类型、规格，按设计图示数量，分别以“个”为计量单位。

二、人防通风机安装，应区分不同的驱动形式，按设计图示数量，分别以“台”为计量单位。

三、油网滤尘器安装，依据接管直径，按设计图示数量，分别以“台”为计量单位。

四、探头式含磷毒气及γ射线报警器安装，按设计图示数量，分别以“台”为计量单位。

五、过滤吸收器、预滤器、除湿器等安装，按设计图示数量，分别以“台”为计量单位。

六、密闭穿墙管制作、安装，应区分不同类型，按设计图示数量，分别以“个”为计量单位。

七、密闭穿墙管填塞，应区分套管直径，按设计图示数量，分别以“个”为计量单位。

八、测压装置安装，按设计图示数量，以“套”为计量单位。

九、换气堵头安装，按设计图示数量，以“个”为计量单位。

十、波导窗安装，按设计图示数量，以“个”为计量单位。

十一、PS 型超压排气活门、FCH 型防爆超压排气活门，按设计图示数量，以“个”为计量单位。

一、人防排气阀门安装

1. YF 型自动防爆排气阀门

工作内容：开箱检查、除污锈、固定、紧螺栓、试动、涂防腐油等。　　**计量单位：**个

编号				7-4-1	7-4-2
项目				直径 200（mm）	
				密闭套管制作、安装	阀安装
名称			单位	消耗量	
人工	000203000	综合二类工	工日	0.608	1.627
材料	221111001	排气阀门	个	—	（1.000）
	012901010	热轧薄钢板 δ2.0～2.5	kg	4.560	6.570
	011301001	扁钢 59 以内	kg	1.190	—
	012101008	角钢 60	kg	—	2.100
	031301009	低碳钢焊条 J427（综合）	kg	0.220	0.230
	020112002	无石棉橡胶板 δ3～6	kg	—	0.850
	030105137	精制六角带帽螺栓 M10×75	10 套	—	1.236
	030113005	垫圈 M10～20	10 个	—	1.616
	142907002	乙炔气	kg	0.015	—
	142909001	氧气	m^3	0.040	—
	040100006	水泥 42.5	kg	—	11.900
	023503022	物流无石棉绒	kg	—	5.110
	140105002	油麻	kg	—	2.440
	140113001	黄干油	kg	—	0.600
	850103006	其他材料费（占材料费）	%	1.000	1.000
机械	990901010	交流弧焊机 21kV·A	台班	0.090	0.060
	990726010	台式钻床 16mm	台班	—	0.030
	990757010	法兰卷圆机 L40×4	台班	—	0.020

2. PS 型超压排气阀门

工作内容：开箱检查、除污锈、固定、紧螺栓、试动、涂防腐油等。　　　　**计量单位：**个

编号				7-4-3	7-4-4
项目				直径 250（mm）	
				密闭套管制作、安装	阀安装
名称			单位	消耗量	
人工	000203000	综合二类工	工日	0.608	1.862
材料	221111001	排气阀门	个	—	（1.000）
	012901010	热轧薄钢板 δ2.0～2.5	kg	4.790	8.470
	011301001	扁钢 59 以内	kg	1.230	2.900
	031301009	低碳钢焊条 J427（综合）	kg	0.230	0.240
	020112002	无石棉橡胶板 δ3～6	kg	—	1.780
	030105137	精制六角带帽螺栓 M10×75	10 套	—	1.236
	030113005	垫圈 M10～20	10 个	—	1.616
	142907002	乙炔气	kg	0.015	—
	142909001	氧气	m^3	0.040	—
	040100006	水泥 42.5	kg	—	18.900
	023503022	物流无石棉绒	kg	—	8.090
	140105002	油麻	kg	—	3.860
	140113001	黄干油	kg	—	0.700
	850103006	其他材料费（占材料费）	%	1.000	1.000
机械	990901010	交流弧焊机 21kV·A	台班	0.090	0.060
	990726010	台式钻床 16mm	台班	—	0.030
	990757010	法兰卷圆机 L40×4	台班	—	0.020

3. FCH 型防爆超压排气阀门

工作内容：开箱检查、除污锈、固定、紧螺栓、试动、涂防腐油等。　　计量单位：个

编　号				7-4-5	7-4-6
项　目				直径 250（mm）	
				密闭套管制作、安装	阀安装
名　称			单位	消　耗　量	
人工	000203000	综合二类工	工日	1.078	1.725
材料	221111001	排气阀门	个	—	（1.000）
	011301001	扁钢 59 以内	kg	1.310	1.430
	170101031	焊接钢管 *DN*250	m	—	0.480
	170201048	无缝钢管 *D*325×7	m	0.450	—
	031301009	低碳钢焊条 J427（综合）	kg	0.200	0.210
	020112002	无石棉橡胶板 δ3～6	kg	—	2.630
	030105137	精制六角带帽螺栓 M10×75	10 套	—	1.236
	030113005	垫圈 M10～20	10 个	—	1.616
	142907002	乙炔气	kg	0.080	0.065
	142909001	氧气	m^3	0.210	0.170
	040100006	水泥 42.5	kg	—	18.900
	023503022	物流无石棉绒	kg	—	8.090
	140105002	油麻	kg	—	3.860
	140113001	黄干油	kg	—	0.700
	850103006	其他材料费（占材料费）	%	1.000	1.000
机械	990901010	交流弧焊机 21kV·A	台班	0.090	0.090
	990726010	台式钻床 16mm	台班	—	0.030
	990757010	法兰卷圆机 L40×4	台班	—	0.020

二、人防手动密闭阀门安装

工作内容：开箱检查、除污锈、制法兰、定位、对口、校正、紧螺栓、试动、涂防腐油等。 **计量单位：**个

编号				7-4-7	7-4-8	7-4-9	7-4-10
项目				直径（mm）			
				≤200	≤300	≤400	≤500
名称			单位	消耗量			
人工	000203000	综合二类工	工日	1.911	2.568	3.861	4.253
材料	194109001	人防密闭阀门	个	（1.000）	（1.000）	（1.000）	（1.000）
	011301001	扁钢 59 以内	kg	2.420	4.140	8.440	16.680
	031301009	低碳钢焊条 J427（综合）	kg	0.380	0.520	0.710	0.920
	020112002	无石棉橡胶板 δ3～6	kg	0.660	0.800	1.380	1.660
	030105134	精制六角带帽螺栓 M6×75	套	9.000	13.500	—	—
	030105136	精制六角带帽螺栓 M8×75	套	—	—	18.000	23.000
	030113005	垫圈 M10～20	10 个	1.800	2.700	3.600	4.600
	140113001	黄干油	kg	0.600	0.800	1.200	1.600
	850103006	其他材料费（占材料费）	%	1.000	1.000	1.000	1.000
机械	990901010	交流弧焊机 21kV·A	台班	0.430	0.640	0.790	0.880
	990727030	立式钻床 50mm	台班	0.240	0.290	0.350	0.400
	990718010	普通车床 400×1000mm	台班	0.120	0.140	0.170	0.330

工作内容：开箱检查、除污锈、制法兰、定位、对口、校正、紧螺栓、试动、涂防腐油等。 **计量单位：**个

编号				7-4-11	7-4-12	7-4-13
项目				直径（mm）		
				≤600	≤800	≤1000
名称			单位	消耗量		
人工	000203000	综合二类工	工日	5.008	6.899	8.438
材料	194109001	人防密闭阀门	个	（1.000）	（1.000）	（1.000）
	011301001	扁钢 59 以内	kg	19.260	29.220	35.680
	031301009	低碳钢焊条 J427（综合）	kg	1.060	1.320	1.580
	020112002	无石棉橡胶板 δ3～6	kg	1.720	2.320	2.900
	030105136	精制六角带帽螺栓 M8×75	套	27.000	36.000	45.000
	030113005	垫圈 M10～20	10 个	5.400	7.200	9.000
	140113001	黄干油	kg	2.000	2.400	2.800
	850103006	其他材料费（占材料费）	%	1.000	1.000	1.000
机械	990901010	交流弧焊机 21kV·A	台班	1.010	1.730	2.090
	990727030	立式钻床 50mm	台班	0.500	0.730	1.020
	990718010	普通车床 400×1000mm	台班	0.350	0.420	0.490

三、人防双连杆型手电动两用密闭阀门安装

工作内容：开箱检查、除污锈、制法兰、定位、对口、校正、紧螺栓、试动、涂防腐油等。 **计量单位：**个

编号				7-4-14	7-4-15	7-4-16	7-4-17
项目				直径（mm）			
				≤ 200	≤ 300	≤ 400	≤ 500
名称			单位	消耗量			
人工	000203000	综合二类工	工日	2.102	2.696	4.054	4.423
材料	194109001	人防密闭阀门	个	（1.000）	（1.000）	（1.000）	（1.000）
	011301001	扁钢 59 以内	kg	2.779	4.624	8.686	16.423
	031301009	低碳钢焊条 J427（综合）	kg	0.380	0.520	0.710	0.920
	020112002	无石棉橡胶板 δ3～6	kg	0.870	0.998	1.462	1.609
	030105134	精制六角带帽螺栓 M6 × 75	套	9.000	13.500	—	—
	030105136	精制六角带帽螺栓 M8 × 75	套	—	—	18.000	23.000
	030113005	垫圈 M10～20	10 个	1.800	2.700	3.600	4.600
	140113001	黄干油	kg	0.600	0.800	1.200	1.600
	850103006	其他材料费（占材料费）	%	1.000	1.000	1.000	1.000
机械	990901010	交流弧焊机 21kV · A	台班	0.430	0.640	0.790	0.880
	990727030	立式钻床 50mm	台班	0.240	0.387	0.467	0.533
	990718010	普通车床 400 × 1000mm	台班	0.120	0.140	0.170	0.330

工作内容：开箱检查、除污锈、制法兰、定位、对口、校正、紧螺栓、试动、涂防腐油等。 **计量单位：**个

编号				7-4-18	7-4-19	7-4-20
项目				直径（mm）		
				≤ 600	≤ 800	≤ 1000
名称			单位	消耗量		
人工	000203000	综合二类工	工日	5.008	6.899	8.657
材料	194109001	人防密闭阀门	个	（1.000）	（1.000）	（1.000）
	011301001	扁钢 59 以内	kg	19.517	29.528	36.124
	031301009	低碳钢焊条 J427（综合）	kg	1.060	1.320	1.580
	020112002	无石棉橡胶板 δ3～6	kg	1.766	2.369	2.973
	030105136	精制六角带帽螺栓 M8 × 75	套	27.000	36.000	45.000
	030113005	垫圈 M10～20	10 个	5.400	7.200	9.000
	140113001	黄干油	kg	2.000	2.400	2.800
	850103006	其他材料费（占材料费）	%	1.000	1.000	1.000
机械	990901010	交流弧焊机 21kV · A	台班	1.010	1.730	2.090
	990727030	立式钻床 50mm	台班	0.667	0.730	1.020
	990718010	普通车床 400 × 1000mm	台班	0.350	0.420	0.490

四、人防通风机安装

工作内容： 开箱检查设备、附件、底座螺栓、吊装、找平、找正、加垫、灌浆、螺栓固定等。

计量单位：台

编号				7-4-21	7-4-22
项目				手摇、电动两用风机	脚踏、电动两用风机
名称			单位	消耗量	
人工	000203000	综合二类工	工日	1.441	1.872
材料	502905002	人防手摇、电动两用风机	台	（1.000）	—
	502905003	人防脚踏、电动两用风机	台	—	（1.000）
	040100006	水泥 42.5	kg	2.980	3.580
	040300004	砂子	kg	8.000	10.000
	040501006	碎石 0.5～3.2	kg	12.000	15.000
	341101001	水	m^3	0.002	0.002
	850103006	其他材料费（占材料费）	%	1.000	1.000

五、防护设备安装

1. 毒气报警器

工作内容： 放样、下料、制作框架零件、浸油、安装、找正、找平、固定、开箱检查、除污锈、上螺栓等。

计量单位：台

编号				7-4-23	7-4-24
项目				探头式含磷毒气报警器	γ射线报警器
名称			单位	消耗量	
人工	000203000	综合二类工	工日	0.833	0.461
材料	233307002	探头式含磷毒气报警器	台	（1.000）	—
	233311002	γ射线报警器	台	—	（1.000）
	012900017	钢板 δ4.5～7	kg	—	0.530
	012903010	热轧中厚钢板 δ8～15	kg	6.030	—
	012101008	角钢 60	kg	5.640	—
	170101013	焊接钢管 *DN*65	m	—	0.500
	170101017	焊接钢管 *DN*100	m	—	0.170
	031301009	低碳钢焊条 J427（综合）	kg	0.050	0.120
	030105052	六角螺栓 M10×20～50	套	1.000	1.000
	030105219	U型螺栓 M10×50	套	1.000	1.000

续前

编　号				7-4-23	7-4-24
项　目				探头式含磷毒气报警器	γ射线报警器
名　称			单位	消耗量	
材料	030309001	合页	副	2.000	—
	142907002	乙炔气	kg	0.630	0.540
	142909001	氧气	m^3	0.210	0.180
	850103006	其他材料费（占材料费）	%	1.000	1.000
机械	990901010	交流弧焊机 21kV·A	台班	0.020	0.050
	990726010	台式钻床 16mm	台班	0.050	—

2. 过滤吸收器

工作内容：开箱检查、基础面处理、测量、吊装就位、上垫铁、找正、找平、紧固地脚螺栓、垫铁点焊、现场清理、挂牌、标色、单机试运转等。　**计量单位：**台

编　号				7-4-25	7-4-26	7-4-27	7-4-28
项　目				型号			
				61-300	81-300	61-500	77-500
名　称			单位	消耗量			
人工	000203000	综合二类工	工日	1.539	1.234	1.539	1.539
材料	502701001	过滤吸收器	台	（1.000）	（1.000）	（1.000）	（1.000）
	181625013	柔性接头 D156	个	—	—	（1.000）	—
	181625014	柔性接头 D200	个	（2.000）	—	（1.000）	（2.000）
	172707014	橡胶短接管 D150	个	—	（2.000）	—	—
	012101008	角钢 60	kg	3.800	—	3.600	3.800
	171501004	紫铜管 ϕ4～13	kg	0.040	0.040	0.040	0.040
	031301009	低碳钢焊条 J427（综合）	kg	0.240	—	0.230	0.240
	031303011	银铜焊丝	kg	0.006	0.006	0.006	0.006
	030105135	精制六角带帽螺栓 M8×30	10套	2.472	2.472	4.132	4.132
	030113004	垫圈 M2～8	10个	2.472	2.472	4.132	4.132
	142909001	氧气	m^3	0.024	0.024	0.024	0.024
	142907002	乙炔气	kg	0.009	0.009	0.009	0.009
	172707015	橡皮管 ϕ6	m	0.200	—	0.200	—
	172707016	橡皮管 ϕ10	m	—	0.200	—	0.200
	292113005	连接箍 δ150	个	—	4.000	—	—
	040329001	硼砂	kg	0.014	0.014	0.014	0.014
	850103006	其他材料费（占材料费）	%	1.000	1.000	1.000	1.000
机械	990901010	交流弧焊机 21kV·A	台班	0.240	0.240	0.240	0.240
	990726010	台式钻床 16mm	台班	0.110	0.110	0.110	0.110
	990757010	法兰卷圆机 L40×4	台班	0.130	0.130	0.130	0.130

3. 预滤器、除湿器

工作内容： 开箱检查、基础面处理、测量、吊装就位、上垫铁、找正、找平、紧固地脚螺栓、垫铁点焊、现场清理、挂牌、标色、单机试运转等。

计量单位：台

编号				7-4-29	7-4-30
项目				预滤器	除湿器
	名称		单位	消耗量	
人工	000203000	综合二类工	工日	1.539	6.280
材料	502701002	预滤器	台	(1.000)	—
	502701003	除湿器	台	—	(1.000)
	181625014	柔性接头 D200	个	(2.000)	—
	012101008	角钢 60	kg	3.800	—
	171501004	紫铜管 ϕ4～13	kg	0.040	—
	031303011	银铜焊丝	kg	0.006	—
	030105135	精制六角带帽螺栓 M8×30	10 套	3.296	3.296
	030113004	垫圈 M2～8	10 个	3.296	3.296
	142909001	氧气	m^3	0.024	—
	142907002	乙炔气	kg	0.009	—
	172707015	橡皮管 ϕ6	m	0.200	—
	040329001	硼砂	kg	0.014	—
	022701001	棉纱	kg	—	0.500
	140307001	煤油	kg	—	1.000
	850103006	其他材料费（占材料费）	%	1.000	1.000
机械	990901010	交流弧焊机 21kV·A	台班	0.240	—
	990726010	台式钻床 16mm	台班	0.110	—
	990757010	法兰卷圆机 L40×4	台班	0.130	—
	990503030	电动单筒慢速卷扬机 50kN	台班	—	0.100

4. 测 压 装 置

工作内容： 测压板制作安装、测压装置安装等。 **计量单位：** 套

编 号				7-4-31
项 目				测压装置
名 称			单位	消 耗 量
人工	000203000	综合二类工	工日	2.597
材料	215703001	测压装置	套	(1.000)
	050401003	板枋材	m^3	0.006
	140103003	熟桐油	kg	0.120
	031501009	圆钉 $\phi5$ 以内	kg	0.010
	850103006	其他材料费（占材料费）	%	1.000

5. 换 气 堵 头

工作内容： 堵头安装。 **计量单位：** 个

编 号				7-4-32
项 目				直径（mm）
				315
名 称			单位	消 耗 量
人工	000203000	综合二类工	工日	0.500
材料	183127001	换气堵头	个	(1.000)
	020112007	无石棉橡胶板 高压 $\delta1\sim6$	kg	0.400
	030105135	精制六角带帽螺栓 M8×30	10套	3.893
	030113004	垫圈 M2～8	10个	3.893
	850103006	其他材料费（占材料费）	%	1.000

6. 波 导 窗

工作内容： 找正、找平、固定等。 **计量单位：** 个

编 号				7-4-33
项 目				波导窗
名 称			单位	消 耗 量
人工	000203000	综合二类工	工日	0.167
材料	112323001	波导窗	个	(1.000)
	850103006	其他材料费（占材料费）	%	1.000

六、密闭穿墙套管制作、安装、填塞

1. 制作、安装

工作内容：放样、下料、卷圆、制直管、密闭肋等。 **计量单位：**个

编号				7-4-34	7-4-35	7-4-36	7-4-37
项目				直径（mm）			
				Ⅰ型			Ⅱ型
				≤315	≤666	≤1242	≤20
名称			单位	消耗量			
人工	000203000	综合二类工	工日	0.627	1.039	1.803	0.343
材料	012901010	热轧薄钢板 δ2.0～2.5	kg	8.550	18.070	33.700	—
	012900017	钢板 δ4.5～7	kg	—	—	—	0.200
	011301001	扁钢 59 以内	kg	1.210	2.570	4.790	—
	170301004	镀锌钢管 *DN*20	m	—	—	—	0.520
	181303002	镀锌弯头 *DN*20	个	—	—	—	1.000
	031301009	低碳钢焊条 J427（综合）	kg	0.270	0.570	0.940	0.010
	190103004	螺纹截止阀 J11T-16 *DN*20	个	—	—	—	1.000
	142907002	乙炔气	kg	—	—	—	0.010
	142909001	氧气	m^3	—	—	—	0.040
	850103006	其他材料费（占材料费）	%	1.000	1.000	1.000	1.000
机械	990732005	剪板机 6.3×2000mm	台班	0.020	0.020	0.040	—
	990734005	卷板机 2×1600mm	台班	0.002	0.002	0.004	—
	990901010	交流弧焊机 21kV·A	台班	0.060	0.130	0.330	0.070

工作内容：放样、下料、卷圆、制直管、密闭肋等。　　　　**计量单位：**个

编号				7-4-38	7-4-39	7-4-40
项目				直径（mm）		
				Ⅲ型		
				≤349	≤700	≤1276
名称			单位	消耗量		
人工	000203000	综合二类工	工日	0.588	0.902	1.490
材料	012901010	热轧薄钢板 δ2.0～2.5	kg	5.680	11.400	20.780
	011301001	扁钢 59 以内	kg	1.500	2.860	5.070
	031301009	低碳钢焊条 J427（综合）	kg	0.270	0.550	0.920
	850103006	其他材料费（占材料费）	%	1.000	1.000	1.000
机械	990732005	剪板机 6.3×2000mm	台班	0.020	0.020	0.040
	990734005	卷板机 2×1600mm	台班	0.002	0.002	0.004
	990901010	交流弧焊机 21kV·A	台班	0.060	0.125	0.323

2. 填　塞

工作内容：清理、放置钢筋、填填料等。　　　　**计量单位：**个

编号				7-4-41	7-4-42	7-4-43
项目				直径（mm）		
				≤349	≤700	≤1276
名称			单位	消耗量		
人工	000203000	综合二类工	工日	0.872	1.186	1.499
材料	010903006	镀锌圆钢 ϕ10～14	kg	0.990	2.010	3.650
	140113001	黄干油	kg	0.590	1.200	2.190
	140105002	油麻	kg	0.850	1.720	3.150
	850103006	其他材料费（占材料费）	%	1.000	1.000	1.000

七、补 充 项 目

1. 人防排气活门

（1）PS 型超压排气活门

工作内容：开箱检查、除污锈、固定、紧螺栓、试动、涂防腐油等。 **计量单位：**个

编号				7-4-44	7-4-45
项目				直径 300（mm）	
				密闭套管制作、安装	阀安装
名称			单位	消耗量	
人工	000203000	综合二类工	工日	0.669	2.048
材料	221111001	排气阀门	个	—	（1.000）
	012901010	热轧薄钢板 δ2.0～2.5	kg	5.748	10.164
	011301001	扁钢 59 以内	kg	1.476	3.480
	031301009	低碳钢焊条 J427（综合）	kg	0.276	0.288
	020112002	无石棉橡胶板 δ3～6	kg	—	2.136
	030105137	精制六角带帽螺栓 M10 × 75	10 套	—	1.236
	030113005	垫圈 M10～20	10 个	—	1.616
	142907002	乙炔气	kg	0.018	—
	142909001	氧气	m^3	0.048	—
	040100006	水泥 42.5	kg	—	22.680
	023503022	物流无石棉绒	kg	—	9.708
	140105002	油麻	kg	—	4.632
	140113001	黄干油	kg	—	0.840
	850103006	其他材料费（占材料费）	%	1.000	1.000
机械	990901010	交流弧焊机 21kV · A	台班	0.131	0.087
	990726010	台式钻床 16mm	台班	—	0.044
	990757010	法兰卷圆机 L40 × 4	台班	—	0.029

（2）FCH 型防爆超压排气活门

工作内容：开箱检查、除污锈、固定、紧螺栓、试动、涂防腐油等。　　　　计量单位：个

编号				7-4-46	7-4-47
项目				直径 300（mm）	
				密闭套管制作、安装	阀安装
名称			单位	消耗量	
人工	000203000	综合二类工	工日	1.186	1.898
材料	221111001	排气阀门	个	—	（1.000）
	011301001	扁钢 59 以内	kg	1.572	1.716
	170101032	焊接钢管 *DN*300	m	—	0.480
	170201051	无缝钢管 *D*377 × 10	m	0.450	—
	031301009	低碳钢焊条 J427（综合）	kg	0.240	0.252
	020112002	无石棉橡胶板 δ3～6	kg	—	3.156
	030105137	精制六角带帽螺栓 M10 × 75	10 套	—	1.236
	030113005	垫圈 M10～20	10 个	—	1.616
	142907002	乙炔气	kg	0.096	0.078
	142909001	氧气	m^3	0.252	0.204
	040100006	水泥 42.5	kg	—	22.680
	023503022	物流无石棉绒	kg	—	9.708
	140105002	油麻	kg	—	4.632
	140113001	黄干油	kg	—	0.840
	850103006	其他材料费（占材料费）	%	1.000	1.000
机械	990901010	交流弧焊机 21kV · A	台班	0.131	0.131
	990726010	台式钻床 16mm	台班	—	0.044
	990757010	法兰卷圆机 L40 × 4	台班	—	0.029

2. 人防插板阀

工作内容： 放样、下料、制作闸板、法兰及零件、钻眼、焊接、组合成型。 **计量单位：** 个

编号				7-4-48	7-4-49	7-4-50
项目				直径（mm）		
				200	300	500
名称			单位	消耗量		
人工	000203000	综合二类工	工日	1.370	1.770	3.199
材料	225308003	人防插板阀	个	（1.000）	（1.000）	（1.000）
	012900026	普通钢板 δ2～2.5	kg	5.181	9.546	29.563
	011301003	扁钢 60 以内	kg	0.497	0.728	1.376
	010901001	圆钢 ϕ10 以内	kg	0.096	0.096	0.096
	030105194	镀锌带母螺栓 M8×65～80	套	8.320	8.320	8.320
	030109034	镀锌六角螺母 M8	个	1.040	1.040	1.040
	030103076	环手螺钉 M8	个	1.040	1.040	1.040
	020101003	橡胶板 δ3～5	kg	0.070	0.128	0.198
	850103006	其他材料费（占材料费）	%	1.000	1.000	1.000
机械	991299050	其他机具费（占机械费）	%	3.000	3.000	3.000

3. 油网滤尘器

工作内容： 定位、切管、焊接法兰、制垫、加垫、紧螺栓。 **计量单位：** 台

编号				7-4-51	7-4-52	7-4-53	7-4-54	7-4-55
项目				接管直径（mm）				
				≤300	≤400	≤500	≤600	≤800
名称			单位	消耗量				
人工	000203000	综合二类工	工日	1.716	2.496	3.205	4.161	6.494
材料	531107003	油网滤尘器	台	（1.000）	（1.000）	（1.000）	（1.000）	（1.000）
	020101002	橡胶板 δ1～3	kg	0.310	0.425	0.620	0.920	1.180
	030105135	精制六角带帽螺栓 M8×30	10套	1.648	2.472	3.296	4.944	5.768
	030113004	垫圈 M2～8	10个	1.648	2.472	3.296	4.944	5.768
	850103006	其他材料费（占材料费）	%	1.000	1.000	1.000	1.000	1.000
机械	990401020	载重汽车 5t	台班	0.036	0.072	0.108	0.132	0.168
	990503030	电动单筒慢速卷扬机 50kN	台班	0.060	0.090	0.120	0.150	0.210

4. 换 气 堵 头

工作内容：堵头安装。　　计量单位：个

编　　号				7-4-56	7-4-57	7-4-58
项　　目				直径（mm）		
				441	560	666
名　　称			单位	消　耗　量		
人工	000203000	综合二类工	工日	0.767	1.021	1.468
材料	183127001	换气堵头	个	（1.000）	（1.000）	（1.000）
	020112007	无石棉橡胶板 高压 δ1～6	kg	0.720	0.873	1.040
	030105135	精制六角带帽螺栓 M8×30	10 套	5.451	6.922	8.232
	030113004	垫圈 M2～8	10 个	5.451	6.922	8.232
	850103006	其他材料费（占材料费）	%	1.000	1.000	1.000

附　　录

一、风管、部件参数表

1. 单片导流叶片的近似面积见表 1。

表 1　矩形弯管内单片导流叶片面积表

规格 B（mm）	200	250	320	400	500	630	800	1000	1250	1600	2000
面积（m^2）	0.075	0.091	0.114	0.14	0.17	0.216	0.273	0.425	0.502	0.623	0.755

注：B为风管的高度。

2. 在计算风管长度时，应减除的长度见表 2。

表 2　风管部件长度表　　单位：mm

项　目	蝶阀	止回阀	密闭式对开多叶调节阀	圆形风管防火阀	矩形风管防火阀
长度（L）	150	300	210	一般为 300～380	一般为 300～380

项　目	密闭式斜插板阀															
直径（D）	80	85	90	95	100	105	110	115	120	125	130	135	140	145	150	155
长度（L）	280	285	290	300	305	310	315	320	325	330	335	340	345	350	355	360
直径（D）	160	165	170	175	180	185	190	195	200	205	210	215	220	225	230	235
长度（L）	365	365	370	375	380	385	390	395	400	405	410	415	420	425	430	435
直径（D）	240	245	250	255	260	265	270	275	280	285	290	300	310	320	330	340
长度（L）	440	445	450	455	460	465	470	475	480	485	490	500	510	520	530	540

3. 风管的法兰、加固框及吊托支架需要单独除锈刷油时，其除锈刷油工程量见表 3、表 4、表 5。

表 3　薄钢板风管型钢除锈刷油重量表　　单位：kg/10m²

定额编号	风管名称	规　　格	除锈刷油重量	定额编号	风管名称	规　　格	除锈刷油重量
δ = 1.2mm 以内咬口				δ = 2mm 以内焊接			
7-2-1	圆形风管	直径 ≤ 320mm	24.46	7-2-17	圆形风管	直径 ≤ 320mm	24.46
7-2-2		直径 ≤ 450mm	37.06	7-2-18		直径 ≤ 450mm	37.25
7-2-3		直径 ≤ 1000mm	39.15	7-2-19		直径 ≤ 1000mm	39.58
7-2-4		直径 ≤ 1250mm	42.22	7-2-20		直径 ≤ 2000mm	51.41
7-2-5		直径 ≤ 2000mm	51.41	7-2-25	矩形风管	长边长 ≤ 320mm	43.92
7-2-6	矩形风管	长边长 ≤ 320mm	43.92	7-2-26		长边长 ≤ 450mm	38.92
7-2-7		长边长 ≤ 450mm	38.92	7-2-27		长边长 ≤ 1000mm	31.99
7-2-8		长边长 ≤ 1000mm	53.10	7-2-28		长边长 ≤ 1250mm	33.23

续前

定额编号	风管名称	规　　格	除锈刷油重量	定额编号	风管名称	规　　格	除锈刷油重量
7-2-9	矩形风管	长边长 ≤ 1250mm	56.63	7-2-29	矩形风管	长边长 ≤ 2000mm	38.79
7-2-10		长边长 ≤ 2000mm	69.09	$\delta = 3$mm 以内焊接			
7-2-11		长边长 ≤ 4000mm	72.40	7-2-21	圆形风管	直径 ≤ 320mm	39.15
$\delta = 1.2$mm 以内咬口				7-2-22		直径 ≤ 450mm	39.34
7-2-12	共板法兰矩形风管	长边长 ≤ 320mm	28.92	7-2-23		直径 ≤ 1000mm	43.89
7-2-13		长边长 ≤ 450mm	23.92	7-2-24		直径 ≤ 2000mm	60.14
7-2-14		长边长 ≤ 1000mm	17.90	7-2-30	矩形风管	长边长 ≤ 320mm	46.36
7-2-15		长边长 ≤ 1250mm	18.88	7-2-31		长边长 ≤ 450mm	42.61
7-2-16		长边长 ≤ 2000mm	23.69	7-2-32		长边长 ≤ 1000mm	37.33
净化风管				7-2-33		长边长 ≤ 1250mm	40.60
7-2-35	净化风管	长边长 ≤ 320mm	59.12	7-2-34		长边长 ≤ 2000mm	52.24
7-2-36		长边长 ≤ 450mm	59.19				
7-2-37		长边长 ≤ 1000mm	64.82				
7-2-38		长边长 ≤ 1250mm	64.953				
7-2-39		长边长 ≤ 2000mm	65.35				

表 4 玻璃钢风管型钢除锈刷油重量表 单位：$kg/10m^2$

定额编号	风管名称	规　　格	除锈刷油重量	定额编号	风管名称	规　　格	除锈刷油重量
7-2-100	圆形风管	直径 ≤ 200mm	15.68	7-2-104	矩形风管	长边长 ≤ 200mm	18.38
7-2-101		直径 ≤ 500mm	15.96	7-2-105		长边长 ≤ 500mm	16.72
7-2-102		直径 ≤ 800mm	16.84	7-2-106		长边长 ≤ 800mm	16.02
7-2-103		直径 ≤ 2000mm	23.58	7-2-107		长边长 ≤ 2000mm	20.50

表 5 复合型风管型钢除锈刷油重量表 单位：$kg/10m^2$

定额编号	风管名称	规　　格	除锈刷油重量	定额编号	风管名称	规　　格	除锈刷油重量
7-2-108	酚醛圆形风管	直径 ≤ 300mm	11.52	7-2-116	玻纤玻镁圆形风管	直径 ≤ 300mm	11.52
7-2-109		直径 ≤ 630mm	7.52	7-2-117		直径 ≤ 630mm	7.52
7-2-110		直径 ≤ 1000mm	9.16	7-2-118		直径 ≤ 1000mm	9.16
7-2-111		直径 ≤ 2000mm	11.53	7-2-119		直径 ≤ 2000mm	11.53
7-2-112	酚醛矩形风管	长边长 ≤ 300mm	18.70	7-2-120	玻纤玻镁矩形风管	长边长 ≤ 300mm	18.70
7-2-113		长边长 ≤ 630mm	10.29	7-2-121		长边长 ≤ 630mm	10.29
7-2-114		长边长 ≤ 1000mm	12.24	7-2-122		长边长 ≤ 1000mm	12.24
7-2-115		长边长 > 1000mm	13.95	7-2-123		长边长 > 1000mm	13.95

4. 防火阀吊托支架重量可参考表 6。

表 6　防火阀支架重量参考表　　　　**单位：kg/个**

直径/长边长	支架重量	直径/长边长	支架重量	直径/长边长	支架重量
120	2.440	630	4.363	1250	6.701
150	2.554	650	4.439	1300	6.889
200	2.742	700	4.627	1400	7.266
250	2.931	800	5.004	1500	7.643
280	3.044	850	5.193	1600	8.020
320	3.194	900	5.381	1800	8.774
360	3.345	950	5.570	2000	9.528
370	3.383	1000	5.758	2200	10.282
400	3.496	1100	6.135	2400	11.036
500	3.873	1150	6.324	2500	11.413
600	4.250	1200	6.512	3000	13.298

二、综合吊装机械含量参考表

综合吊装机械含量可参考表 7。

表 7　综合吊装机械含量参考表

序号	机械名称	规　格	占　比
1	汽车式起重机	8t	30%
2	施工电梯	单栏	20%
3		双栏	20%
4	卷扬机	单筒快速　10kN	10%
5		单筒慢速　10kN	10%
6		单筒慢速　30kN	5%
7		单筒慢速　50kN	5%